Foolproof
and Other Mathematical
Meditations

数学
そぞろ
歩きろ

学者だけに任せておくには
楽しすぎる 数学余話

Brian Hayes 著

川辺治之 訳

共立出版

FOOLPROOF, AND OTHER MATHEMATICAL MEDITATIONS

by Brian Hayes

©2017 Brian Hayes

Japanese translation published by arrangement with The MIT Press
through The English Agency (Japan) Ltd.

Japanese language edition published
by KYORITSU SHUPPAN CO., LTD.

序

　数学は，数学者だけに任せておくには重要すぎるし楽しすぎる．数学は，私たちの住んでいる世界を理解するために不可欠な道具である．ガリレオが言ったように，自然という本は数学の言葉で書かれている．同時に数学は，物質的な世界から切り離された世界，すなわち，物質とエネルギーからではなく，想像力や純粋な思考から構築された王国である．数学は，探検できるだけでなく創造することもできる世界であり，新たな幾何学，新たな種類の数，新たな種類の論理学さえも発明できるのである．たとえば，日々の体験は私たちを3次元の生活に制限しているが，数学的な空間は n 次元であり一見変哲もない記号 n がおびただしい可能性を秘めている．n は無限大かもしれないし，整数でないかもしれない．

　言い換えると，数学はあなたをこの世界の外に連れていくことができる．1世紀前に数学の統治する領土と限界の地図を描いたバートランド・ラッセルは，「もっと大きくて波風の立たない宇宙を見るための窓」が開かれたと述べた．

　数学について書き，ときには多少の数学を行おうとさえする私は何者だろうか．私は数学者ではない，すなわち，数の国に生まれついた住民ではない．しかし，大人になってからかなりの時間をその国で暮らしてきた，祖国をすてた文学者である．私は，その国の言葉を学ぼうと奮闘し，その国の文化と風習にどっぷりと浸かり，素人ながら夢中になって開業した．その経験によって，私の人生は極めて豊かなものになった．

　数学は，いろいろなところで，面白くない，難しい，そして日常生活の関心事からかけ離れているというようなひどい不評を買ってきた．2000年以上も前に，すでに学生は幾何学を学ぶときに通り抜けなければならない苦難の道に不平を漏らしていた．近年では，しゃべるバービー人形が「算数の授業はたいへん」と言っていた．場合によっては数学の専門家にとっても一筋縄でいかない数学的な発想があることは否定しない．個人的には，全体がまったく理解できていない数学の分野もあり，論文の表題さえ何のことだか分からない．しかし，すべての数学がそれほど気難しく近寄りがたいわけではない．いくつかのアイディアは，カール・フリードリッヒ・ガウスが9歳か10歳のときに発見した連続する級数の和を求めるちょっとした秘訣（第1章）のように，実際にはきわめて単純ですぐに習得できる．また，きわめて直感に反するようなアイディアもある．たとえば，n次元の箱にn次元球体を入れたら，nが大きくなるにつれて，球体は縮んでなくなってしまう（第10章）．そして，もっと努力を要するようなアイディアもある．リーマンのゼータ関数とは何か，何に由来するのか，そして，なぜ重要なのかを理解するためには，かなり急勾配の学習曲線を登っていく必要がある（第4章）．しかし，その山頂からの眺めは苦労して登った甲斐があると断言しよう．

　本書に収めた記事は，いずれも私自身がある概念を理解したり，パズルを解いたり，数学の歴史上の出来事を解明したりすることに取り組むところから始まった．私は，最終的に明らかになった答えだけでなく，そこにたどり着くまでの道筋も書きとめた．読者もそれにお付き合いいただきたい．数学は異国かもしれないが，冒険好きで柔軟な考えをもつ旅行者ならば訪れてみたいような場所といえる．

目　次

序　　　　　　　　　　　　　　　　　　　　　　　　　　iii

第 1 章　ガウス少年の足し算　　　　　　　　　　　　　　1

第 2 章　平均の法則から外れて　　　　　　　　　　　　　23

第 3 章　いかにして自らを回避するか　　　　　　　　　　39

第 4 章　リーマニウムのスペクトル　　　　　　　　　　　61

第 5 章　独身の数　　　　　　　　　　　　　　　　　　　81

第 6 章　縮れ曲線　　　　　　　　　　　　　　　　　　　97

第 7 章　ゼノンとの賭け　　　　　　　　　　　　　　　　113

第 8 章　高精度算術　　　　　　　　　　　　　　　　　　129

第 9 章　マルコフ連鎖のことの始まり　　　　　　　　　　145

第 10 章　n 次元の玉遊び　　　　　　　　　　　　　　　161

第 11 章　準乱数によるそぞろ歩き　　　　　　　　　　　　177

第 12 章　紙と鉛筆と円周率　　　　　　　　　　　　　　　195

第 13 章　誰にでも受け入れられる証明　　　　　　　　　　213

出典と補助資料　　　　　　　　　　　　235

参考文献　　　　　　　　　　　　　　　239

訳者あとがき　　　　　　　　　　　　257

索　引　　　　　　　　　　　　　　　259

第1章
ガウス少年の足し算

この使い古された数学のちょっとした伝承はすでに聞いたことがあるかもしれないが，話をさせてほしい．

1780年代にドイツの田舎の先生が，授業で1から100までの整数をすべて足し合わせるという退屈な課題を出した．先生の狙いは，半時間ほど子供たちを静かにさせておくことだったが，一人の幼い生徒がほとんど一瞬で $1 + 2 + 3 + \cdots + 98 + 99 + 100 = 5{,}050$ と答えを出した．この利口な子供がカール・フリードリッヒ・ガウスであった．このあとガウスは，数少ないそれまででもっとも偉大な数学者候補の一人として名を連ねる．ガウスは，頭のなかですべての数を足し合わせるような計算の天才ではなかった．ガウスはもっと深く見抜いていたのだ．この数列を真ん中で「折り畳み」，$1 + 100, 2 + 99, 3 + 98$ のように対にして足し合わせると，すべての対の和は101になる．このような対が50個あるので，全部の合計は単純に 50×101 である．もっと一般的な公式としては，1から n までの連続する整数の並びの和は $n(n + 1)/2$ になる．

この文章は，ガウスの逸話を私自身で脚色したものだ．私自身の脚色だとはいったが，私の創作だと主張するつもりはない．同じ話は，私より前に何百人もの人によってほとんど同じように語られてきている．私がガウスの小学生のときの偉業について聞いたのは，私自身が小学生のときであった．

この話はよく知られているが，この遠い昔の教室での出来事についてじっく

りと考えたことはなかった．しかしながら，これを自分の言葉で書きながら不信感と疑問で悩み始めた．たとえば，先生はどのようにしてガウスの答えが正しいことを確かめたのか．この先生が等差数列の和の公式をすでに知っていたのならば，ガウスが答えたとき，いくらか盛り上がりに欠けただろう．この先生がそれを知らなかったとしたら，先生は平和な合間を使って，深く考える必要のない練習問題を生徒と同じように黙々と解いていたのではないのか．

すぐに私はこの話全体の由来と信憑性について知りたいと考えた．この話はどこから来て，いかにして今に伝えられたのか．研究者は，この逸話を数学者ガウスの人生の出来事として真面目に受け止めているのか．それとも，正真正銘の真実かどうかはたいした問題ではないような，ニュートンとリンゴの話や湯船に入ったアルキメデスの話と同じ部類に属するのか．この逸話を言い伝えや寓話として扱うのならば，何がこの話の教訓なのか．

私は好奇心を満たすために，図書館やインターネット上の文章でこのガウスの逸話を探し始めた．数ヵ月の間に，私は8ヶ国語で百種類以上の事例を集めた．それ以降もほかの事例を見つけたし，頼りになる友人がさらに多くの事例を送ってくれた．出典は学術的な歴史書や伝記から教科書や百科事典までの多岐にわたり，子供向けの読み物，ウェブサイト，授業計画，詩，学生の論文，YouTube の動画，小説もあった．これらにはすべてはっきりと分かるほどに同じ出来事が記述されていて，たしかにそれらはすべて最終的にただ一つの出典から派生したものと思われる．それでもこれらの作者は，話の足りないところを埋め，そのきっかけを説明し，つじつまが合うような物語を構成する際に，驚くほどの多様性と創造性をあらわにもしている．（自分自身も場当たり的な脚色をしていたことがすぐに分かった．）

この話のこのような変形をすべて読んだあとでも，本当にそのようなことが起きたのかという事実に対する問いに答えることはできない．しかし，これらの話の変遷と伝播や，科学と数学の文化におけるこれらの位置付けについて何らかのことが分かったと思う．また，このクラスの残りの子供たちが課題にどのように取り組んだのか，そしてこの逸話がいかにして現代の数学を学ぶ若い学生に対する教訓として使われるようになったのかについても思うところがある．

神童

　調査は5種類の現代的なガウスの伝記から始めた．それはG. ウォルド・ダニングトン（1955年），トルド・ホール（1970年），カリン・ライヒ（1977年），W. K. ビューラー（1981年），M. B. W. テント（2006年）それぞれの著書である．この教室での出来事はビューラー以外の著者全員が述べている．それらはガウスの年齢などわずかに詳細が異なるが，大筋では一致している．彼ら全員が，同じ級数，具体的には1から100までの整数を足し合わせることに言及していて，和が101になる対を作るという観点からガウスの方法を記述している．

　（ビューラーがこの逸話に触れていないことを疑念と解釈するのでなければ）これら5人のなかにこの逸話についてそれほど疑問視している者はいない．この話の起源やそれを裏付ける証拠について広く論じられてはいない．その一方で，これらの伝記のいくつかにある参考文献から，以降のすべての記述が依存している鍵となる文書が見えてきた．

　この教室でのガウスの話について多くの本が引用する古典は，ガウスの死からちょうど1年後の1856年に追悼として発刊された1冊である．著者は，ガウスがその最後まで研究活動を続けたゲッチンゲン大学の鉱物学・地質学教授であるウォルフガング・ザルトリウス・フォン・ヴァルタースハウゼン男爵であった．弔いの証しにふさわしく，その本は最初から最後まで愛情がこもっていて称賛に満ちている．

　ザルトリウスの描写によれば，ガウスは**神童**であった．ガウスは独学で読み方を覚え，3歳までに父親の計算間違いを正した．ザルトリウスは，ハノーバーに近いブラウンシュヴァイク（またはブランズウィック）の町でのガウスの小さい頃の教育を次のような一節で記述している．英訳は，角括弧で囲んだ2ヶ所を除いて，ガウスの曾孫であるヘレン・ワーシントン・ガウスによる．

　　1784年に7歳の誕生日を迎えたあと，この小さな男の子はビュットナーという名の男の下で初等教科を教える公立学校に入学した．それは… 擦り切れたデコボコの床の，殺風景な薄暗い教室だった．そこでおよそ百人

の生徒の間をビュットナーは行き来した．その手には，この教師が最後は
それで言うことをきかせると誰しもが認める小枝があった．必要とあら
ば，ビュットナーはその小枝を使った．中世の様式にかなり従っていると
思われるこの学校で，ガウス少年は何事もなく2年間を過ごした．この時
点で彼は，ほとんどの少年が15歳までいる算数のクラスに達していた．

　ここで，晩年ガウスがしばしば面白おかしく語った出来事が起こった．
このクラスでは，算数の例題を最初に解き終えた生徒は，その石板を大き
な机の中央に置く．その上に，2番目に解けた生徒が石板を置くというよ
うに続く．ビュットナーが[算術級数の和の]問題を出したとき，ガウス少
年はちょうどそのクラスに入ったところであった．ガウスが（乱暴なブラ
ウンシュヴァイク方言で）「できあがり！」と言って机の上に石板を投げ
出したのは，その問題が出された直後であった．ほかの生徒が忙しなく
[計算，掛け算，足し算を]続けている間，ビュットナーはわざとらしく威
厳をもって歩き回り，生徒のなかでもっとも若いガウスに向かってときお
り皮肉たっぷりに憐れむような一瞥を投げかけていた．ガウス少年は課
題を終わらせて黙って座っていた．彼が課題を終えたときはいつもそう
であるように，問題は正しく解けてほかの答えはありえないことがはっき
りと分かっているとでもいわんばかりであった．

　1時間後に，積み上げられた石板がひっくり返された．一番上には，合
計だけが書かれたガウス少年の石板があった．ビュットナーが答えを読
み上げたとき，その場の全員が驚いたことにガウス少年の答えは正しく，
その一方でほかの生徒の多くは間違っていたことが分かった．

　この記述にある枝葉の部分は，この話がのちに語られる際に幾度となく現れ
る．石板を積み上げる慣習はそのような特徴のひとつである．（百人目の石板
が乗せられたときには，石板の山はきっと崩れそうになっていたにちがいな
い．）1970年代まではビュットナーの小枝（あるいは杖か鞭）も頻繁に登場し
たが，今ではあまり見かけない．このような蛮行に言及することに嫌悪感を示
すようになったのである．

　ザルトリウスによるこの話の記述においてもっとも注目すべきは，そこにあ

るものではなく，そこにないものである．その話には，1から100までの数やほかの特定の等差数列にはまったく言及されていない．そして，ガウスがその問題を解くために考案した秘訣や技術についての手がかりもない．数を対にして組み合わせるというアイディアも級数を足し合わせる一般公式も論じられていない．おそらくザルトリウスは，その手順がとても当たり前なので説明の必要はないと考えたのだろう．あるいは，ザルトリウス自身はその極意を知らなかったのかもしれない．

　角括弧で囲まれた部分について一言申し添えておく．奇妙なことに，ワーシントン・ガウスによる英訳では，最初の100個の整数と述べられている．ザルトリウスが単に「算術級数」と書いたところで，ワーシントン・ガウスは「1から100までの連続する数」と追加している．この改変については説明できない．のちに1から100までの実例を論じた著作の影響を受けて，ワーシントン・ガウスが欠落を埋めてザルトリウスを助けようとしたと推測することしかできない．

　2番目の角括弧で囲まれた一節は翻訳において省略されたことを示している．ザルトリウスは生徒が「計算，掛け算，足し算を」していると書いたところを，ワーシントン・ガウスは単に「足し算を」と書いている．この点については，あとで詳しく述べたい．

歴史を作る

　ザルトリウスが1から100までの級数と特定しなかったのならば，これらの数はどこからきたのだろうか．この見当たらない詳細を補うようなガウスの時代の文書がほかにありえるのだろうか．おそらく，ガウスがこの話を「面白おかしく」語ったいずれかのときに誰かがこの出来事を記録に残しただろう．このような裏付けとなる文書の存在を排除することはできないが，現時点ではそのような文書が存在した証拠はない．これまでに見てきた著作物で，それよりも前の出典に言及しているものはなかった．ガウスの存命中の記述が存在するならば，それはひと目につかないままであり，この話のほかの著者に大きな影響を与えることはありえない．

　見つけ出すことのできたこの話のすべての出版された文書（図1.1を参照のこと）の中で，特定の数による級数に言及しているもっとも古いものは，当時ブラウンシュヴァイクの専門学校の校長であったハンス・ゾメルによって1870年代に書かれた講演である．ゾメルの記述は，それらの数をすばやく足し合わせる秘訣を説明している最初の文書でもある．ゾメルの言及した級数は1から100ではなく1から40であり，ゾメルは単に生徒の課題がこのようなものであっただろうという一例として述べているにすぎない．（ドイツ語から翻訳した）その鍵となる段落は次のとおりである．

　　1784年にガウスはセント・キャサリン小学校に行くようになった．そこはビュットナーとかいう男が仕切っていた．2年後にガウスが算数のクラスに入ったとき，たとえば1から40までのように連続する数を足し合わせる問題が子供たちに与えられた．それぞれの生徒は計算し終わると，その石板を教室の机の上に置かなければならなかった．ガウスは，少し考えたのち，結果を石板に書き，「できあがり！」と言って机の上に石板を投げ出した．ほかの生徒がもっとも根気のいる作業を続けて，計算を終えたのはずっとあとであった．ビュットナーの予想に反して，ガウスの結果は完全に正しかった．この頭の良い少年は，すぐに1と40，2と39，3と38，あるいはこの級数の先頭と末尾から等しい距離にある任意の数の対が同じであることに気づいた．このような対の和はそれぞれ41になる．これが20対あるので，その合計は20×41，すなわち820でなければならない．このようにして，9歳のガウスはひと目で算術級数の和の公式に気づ

図1.1（**見開きページ**）：ガウスの教室での逸話の年表には，ガウスが亡くなった1855年から100年の間に発表されたこの話の25種類の文書を列挙してある．最初の記述はウォルフガング・ザルトリウス・フォン・ヴァルタースハウゼンによるもので，ほかのすべての記述の最終的な出所と思われる．もっとも古い文章では，特定の級数に言及しておらず，ガウスがその問題をどのように解いたかについての手がかりもない．1877年にハンス・ゾメルは1から40までの級数を例とし（1894年まで発刊されなかった），1918年にワルサー・リーツマンが初めて1から100までの級数を示したものと思われる．

西暦	作品	級数
1850		
	ザルトリウス: Gauss in Memoriam	–
	ヴェステルマン: Illustrated German Monthly	–
1860	エムスマン: The Youths of Famous Scientists	–
	ウレ: Gauss and Bessel	–
1870		
	ザルトリウス: C. F. Gauss	–
	クライン: Earth, Nature, Life	–
	ヴィネッケ: Gauss: Outline of His Life and Work	–
	ゾメル: Centenary of Gauss's Birth	$1 + 2 + 3 + \cdots + 40$
1880	カントール: Carl Friedrich Gauss	–
	ハンゼルマン: Gauss: 12 Chapters of His Life	–
1890	マンロー: Heroes of the Telegraph	–
	スクリプチャー: Arithmetical prodigies	–
1900	メビウス: On the System of Mathematics	$1 + 2 + 3 + \cdots + 40$
	マセ: Karl Friedrich Gauss	$100 + 99 + 98 + \cdots + 1$
1910	クライン: Astronomical Evenings	–
	アーレンス: Mathematical Anecdotes	$1 + 2 + 3 + \cdots + 40$
	ゲール: Gauss as Calculator	–
	リーツマン: Giants and Dwarfs in Numberland	$1 + 2 + 3 + \cdots + 100$
1920	リーツマン: Recreational Mathematics	$1 + 2 + 3 + \cdots + 100$
1930	プラサド: Mathematicians of the 19th Century	–
	シュレジンガー: Gauss's Work in Complex Analysis	–
	ベル: Men of Mathematics	$81297 + 81495 + \cdots + 100899$
	ダニングトン: Gauss's Lecture on Astronomy	–
1940	ビーベルバッハ: Gauss: A German Scholar's Life	$1 + 2 + 3 + \cdots + 100$
1950		
	ダニングトン: Gauss: Titan of Science	$1 + 2 + 3 + \cdots + 100$
	ウォーブス: Gauss: A Biography	$1 + 2 + 3 + \cdots + 40$

き，それを適用したのである．

　ゾメルはゲッチンゲンで教育を受けた数学者であり物理学者でもあったが，今日では作曲家や音楽家として，そしてリヒャルト・ワーグナーとその妻コージマ・ワーグナーの友人としてのほうがよく知られている．どうやらゾメルは，ガウス生誕の100周年記念である1877年4月30日にブラウンシュヴァイクでこの講演を行ったようだ．しかしながら，この文書は1894年まで出版されず，それから『ドイツ系ユダヤ人問題への貢献』と題する一冊という奇妙で悪意のある文脈で発表された．（ガウスは，非ユダヤ系ドイツ文化の典型として称賛されていた．）

　ゾメルによって語られたこの話は，1から40までの例も含めてこのあとの二，三十年にわたってほかの著者に用いられた．1899年には，メビウスの帯の発見者であるオーガスト・メビウスの甥ポール・メビウスもこの話を使っている．奇妙なことに，メビウスは別のガウスの伝記であるフリードリヒ・ヴィネッケによる1877年の *Life and Work* を参照している．しかし，この教室の場面の出典は明らかにゾメルである．この二つの一節の言い回しは，1から40までの例や対にするアイディアも含めてほぼ同じである．

　1915年にウィリヘルム・アーレンスは，*Mathematical Anecdotes* の中に小学生での偉業としてガウスの話を含めた．アーレンスは出典に言及していないが，その文章はゾメル（またはメビウス）の書いたものに基づいているように思われる．アーレンスは1から40までの例を示し，対にする方法も同じようだがもっと詳しく説明している．

　このようにして，20世紀初期までに少なくとも3種類の活字になった記述が，ビュットナーが生徒に出した問題は1から40までの級数の和であることをほのめかしている．しかし，ここからこの話は奇妙な展開をみせた．1918年に数学教育におけるゲッチンゲンの権威であるワルサー・リーツマンは，子供や数学愛好家向けの本 *Giants and Dwarfs in Numberland* を発刊した．この教室でのガウスの話を書くにあたって，リーツマンは出典としてアーレンスに言及したが，説明なしに1から40を1から100に書き換えた．私の知る限り，これはガウス少年が1から100までを足し合わせたという話の発刊された

もっとも古いものである．リーツマンは1922年の著作でも細部にわたって同じ話を繰り返している．

これより前にかなり近いものが一つあった．1906年に，ライヒェンベルク（現在はチェコの都市リベレツ）にある専門学校の教師フランツ・マセは，ガウスの簡単な伝記を出版した．その中で，ビュットナーの課題は通常の数列とは逆順の「100から1に至るまでの数をすべてを足す」ことであった．この話のその後の歴史の中で，この記述を継承した者はいないように思われる．

1から100までの例は，再び1938年にルートヴィヒ・ビーベルバッハによるガウスの伝記に現れる．（ビーベルバッハは，ドイツの数学界においてナチスの反ユダヤ主義を先導する手先として悪名高い数学者である．）これはおそらくリーツマンとは独立の創作であろう．なぜなら，ビーベルバッハの言い回しには，リーツマン（あるいは彼が引用しているそれ以前のザルトリウス以外の著者）からの明らかな模倣はないからである．

（ガウスが亡くなった100年後の）1955年には，1冊まるごとの伝記がさらに2冊出版された．エーリヒ・ヴォルプスは，*Carl Friedrich Gauss: Ein Lebensbild* において，おおよそ75年前にゾメルが用いた1から40までの例を継承した．G. ウォルド・ダニングトンは，*Carl Friedrich Gauss: Titan of Science* において，1から100までを選んだ．ダニングトンの例は興味深い．ダニングトンによるこの話の記述は，ほとんどの部分でほぼ一言一句がザルトリウスを翻訳したものであるが，その途中に1から100までの和が挟まれていて，それが単なる説明のための例であって伝記として確立された事実ではないとほのめかすこともない．ダニングトンは，それ以前にガウスに関する小論を2編書いていた．1927年にはビュットナーの逸話についてはまったく触れておらず，1937年にはその話を書いているが特定の級数には触れていない．

もうひとつ，ここで言及しておく価値のあるこの話の記述がある．なぜなら，おそらくそれはもっとも広く読まれているからである．エリック・テンプル・ベルは，1937年に初めて出版された *Men of Mathematics* にこの逸話を収録した．同じ小文は，20年後にジェームズ・R. ニューマンの *World of Mathematics* に転載された．これらの著作は今でも刊行されている．ベルは，きわめて独創的との評判のある作家である．（これは，必ずしも伝記作

家や歴史家にとって長所と考えられるわけではない.) ベルはブラウンシュヴァイクの小学校を怪奇映画の一場面に変えた. 「それはビュットナーという乱暴な男が経営しているむさくるしい中世紀の遺物で, またこのビュットナーの教育法というのは, 生徒が恐怖のあまり自分の名前を忘れてしまうほど馬鹿になるまでむち打つことであった.」[訳注1] いかにも映画に出てきそうな描写である. それが算数の授業の話になったとき, ベルはほかの著者よりももっと骨の折れる問題を選んだが, 事実と予想を注意深く区別している. その授業の課題として与えられた実際の級数が分かっていると主張してはいない. ベルは次のように書いている. 「それはつぎのようなものであった. $81297 + 81495 + 81693 + \cdots + 100899$. ここでは, 一つの数と次の数との差はみな同じであり (この問題では一九八), 与えられた項の数 (この問題では一〇〇) だけ加えあわせるのである.」[訳注2] (個人的には, この問題を小さな石板に書くだけでも苦労した. ましてやそれを解くのはもっと大変である.)

　1950年以降は, 1から100までの級数が人気コンテストで大差をつけて勝利をおさめた. (図1.2を参照のこと.) 記録にあるこの期間の130例のうち, 25例を除いた残りすべてが1から100までの連続する整数の和として問題を記述している. それでも, そのほかの変形も廃れてしまってはいない. あるものは, 0から100までや1から99までのように少しだけ異なる. 何人かの著者は

図 **1.2** (見開きページ):150年間に及ぶガウスの話のさまざまな変形がグラフに書き込まれている. それぞれの列は, 級数として単一の例に言及している (左端の列の場合はそのような例にまったく言及していない) 記述の日付を示している. 初期の記述の多くでは, この級数は具体的に示されなかった. 最初に言及された級数は1から40までであり, その後1から100までが1950年からは一般的になり, 1990年以降は大多数を占めるようになった. (この級数について拡大した右端の図を参照のこと.) それでも, そのほかの変形が散発的に現れつづけている.

11

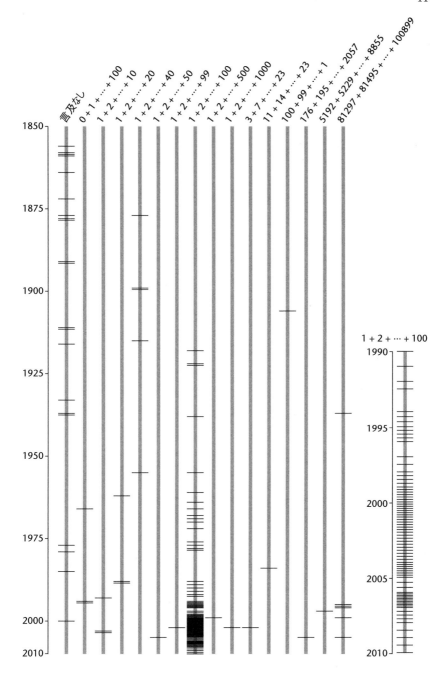

100個の数を足し合わせるのは小学生には荷が重いと感じたようで，課題の範囲は切り詰められ，1から80まで，1から50まで，1から20まで，あるいは1から10までのものまであった．わずかだが1から100では簡単すぎると考えた著者もいたようで，課題を1から500や1から1,000としていたり，3, 7, 11, 15, 19, 23, 27のように隣り合う項の差が1以外の級数をあげていたりした．

物語へと駆り立てる力

　このような収集した話の影響と伝播のパターンを整理するのはかなり難しい．のちの著者が81297＋81495＋… という級数に言及していれば，それらの数はエリック・テンプル・ベルに由来するものにまず間違いない．しかしながら，その例が1から100までの級数であれば，その継承の道筋があったとしてもたどるのはそう簡単ではない．そして，文献に現れる10種類以上ものほかの級数は，それがすぐに変化してしまうことを示している．このような事例はどれも少なくとも一度は考案されたにちがいない．

　このような話を書く者は，歴史記述の通常の規則を特別に免除されたところで仕事をしているように思われる．ガウスの生誕地や彼の数学的証明の詳細といった事実を変えることはしない著者が，より良い話にするためだけに躊躇することなくこの逸話を飾り立てる．彼らは利用できる題材を選別し，必要なものを取り出し，残りは放っておく．そして，手元にあるものがどれも目的に合わないならば，でっちあげるのだ．たとえば，何人もの著者は，典型的な語句（「乱暴な男（a virile brute)」）を引用したり借用していることから，この話のベルによる記述を熟知していることが分かる．しかし，彼らはベルが選んだ81297から始まる級数を継承することは拒否し，以前の信頼できる1から100までの級数に戻したりまったく別の話を挿入したりしている．このように，この話の進化を促すのは，子供たちの「伝言ゲーム」のような伝播による誤りの蓄積だけではない．この話をよりよい語り口にするために，著者は「改良」することを意図的に選んでいるのである．

　大方の部分で，この行為を批判するつもりはない．効果的な物語の書き方は間違いなく合理的なゴールであり，堅苦しい学術研究を除けば，おおよその筋

書きに対して少しばかり脚色することに害はない．問題にしているのは，この話の（わたし自身のも含めた）最近の記述の多くに見られる，時間を費やすだけの学習活動というテーマである．ビュットナーがこのような長ったらしく退屈な練習問題を生徒に与えた理由を説明する必要性を感じているように思われる．しかし，ザルトリウスはビュットナーの動機については何も述べていないし，私が調べた19世紀のほかのどの著作も何も述べていない．ビュットナーが休憩を取る間，子供たちを静かにさせておきたかったというのは現代の解釈である．おそらくそれは，間違いか贔屓目にみても裏付けはないが，それでも今日の読者の要求に応えているのである．

　同じような考え方で，多くの著者は，私がこの探求に乗り出すことになった問いの一つに立ち向かっている．ビュットナーはどのようにこの計算を行ったのか．ベルは，ビュットナーがあらかじめこの公式を知っていたと主張している．ほかの著者は，ガウスがその公式を説明して，ビュットナーは初めてそれを知ったと述べている．後者の立場の一例は，3人の小学5年生ライアン，ジョーダン，マシューが2001年に書いた次のような記述である．

　　ガウスが小学校に通っていたとき，実のところビュットナー先生は数学が好きではなかったので，その教科にあまり多くの時間を割きませんでした．その先生がクラスで出した問題の一つは「1から100までの整数をすべて足せ」でした．ビュットナー先生は，ガウスが1から100までの整数すべてを暗算で足したのに驚きました．ビュットナー先生は，それがガウスにできたことが信じられませんでした．そこで，ガウスにどのように暗算をしたのかを教室で説明させました．ガウスはどのように暗算をしたのかをビュットナー先生に説明し，ビュットナー先生はガウスがやったことに驚きました．

　歴史的にどちらがもっともらしいかについては，ベルを支持せざるをえない．ビュットナーの時代の教師は，この級数の和の公式を知っていたはずだ．しかし，この話を史実ではなく感動を与える文学作品，すなわち機転の利く若者が古い世代のうんざりする慣習を一掃するという寓話として見ることを選ぶならば，ライアン，ジョーダン，マシューは間違いなく正しい．

　ガウスはこの級数の和を求める方法をまったくの独力で見つけたのかもしれないが，最初にこれを見つけたのが彼でないことは確実である．ピサのレオナルド，すなわちフィボナッチは，500年以上も前にこのやり方を知っていた．著書 *Liber Abaci* において，フィボナッチは次のように書いた．（英訳は L. E. シグラーによる.）

　　　　1ずつ，2ずつ，3ずつ，あるいはそのほかの数でもよいが，ある数だけ
　　　増えていく級数が与えられたとき，その和を求めたいのであれば，その級
　　　数に含まれる数の個数の半分にその級数の最初と最後の数の和を掛け合
　　　わせるか，あるいはその級数の最初と最後の数の和の半分にその級数に含
　　　まれる数の個数をかけ合わせると，その問題が解ける．

　まだそれよりも前の8世紀に，カール大帝の宮廷で働いていた英国の学者ヨークのアルクィンが編纂した『若者を鍛えるための問題』53問の中にこのアルゴリズムが登場する．アルクィンは100段のはしごに対して最初の段には1羽の鳩，次の段には2羽の鳩と続ける問題を述べている．したがって，すでにアルクィンは今や非常に馴染みのある1から100までという特定の事例を念頭に置いていたのである．アルクィンの解法はいささか独特で，それぞれの対の和が100になる $1+99, 2+98, \ldots, 49+51$ という49個の対を作り，掛け算によって $49 \times 100 = 4900$ として，それに対にならなかった100と50を足すというものだ．

　そして，それだけではない．アルクィンの時代でさえ，この問題はすでに古くから知られていた．紀元前225年頃にアルキメデスは，著書『螺旋について』の中でこの級数の和の公式を導き出していた．

合計の仕方

　ガウスが足し合わせることを求められた具体的な級数が何かは分からないので，ガウスがその問題を解いた方法の詳細について推測することしかできない．（図1.3を参照のこと．）私が示した，数列を半分に折り畳み，最初と最後の要素を足し合わせ，2番目と最後から2番目の要素を足し合わせるというよ

折り畳み

$$1 \rightarrow 2 \rightarrow 3 \rightarrow 4 \rightarrow 5$$
$$+ \;\; 10 \leftarrow 9 \leftarrow 8 \leftarrow 7 \leftarrow 6$$
$$S = \overline{11 + 11 + 11 + 11 + 11} = (5 \times 11) = 55$$

2行

$$1 \rightarrow 2 \rightarrow 3 \rightarrow 4 \rightarrow 5 \rightarrow 6 \rightarrow 7 \rightarrow 8 \rightarrow 9 \rightarrow 10$$
$$+ \;\; 10 \leftarrow 9 \leftarrow 8 \leftarrow 7 \leftarrow 6 \leftarrow 5 \leftarrow 4 \leftarrow 3 \leftarrow 2 \leftarrow 1$$
$$2S = 11 + 11 + 11 + 11 + 11 + 11 + 11 + 11 + 11 + 11 = (10 \times 11)$$
$$S = 110 \div 2 = 55 \qquad\qquad\qquad\qquad\qquad\qquad\qquad\qquad = 110$$

平均

$$1 \quad 2 \quad 3 \quad 4 \quad 5 \quad 6 \quad 7 \quad 8 \quad 9 \quad 10$$

$$S = 10 \times \frac{11}{2} = 55 \qquad \boxed{\dfrac{1 + 10}{2}}$$

三角数

$$S = \frac{1}{2} (10 \times 11) = 55$$

図 1.3：ガウス少年はいかにして算術級数の和を求めたのか．おそらくガウスは，級数の両端から並ぶ要素を対にするとその和がすべて同じになることに気づいたのだろう．一つの方式は，この級数をヘアピンのように半分に折り畳むことである．別の方式では，この級数を一つは昇順に，もう一つは降順に書く．3番目の方式は，最初と最後の要素の平均を計算する．最後に示した最初の n 個の自然数の和の公式は，n 番目の三角数も生成する．その和は，$n \times (n + 1)$ の長方形の面積の半分である．

うに続けるアルゴリズムが唯一の可能性ではない．これと似ているが細部の異なるアルゴリズムが多くの著者によって言及されている．そのアイディアは，この級数を一つは昇順，もう一つは降順に書き下して，対応する要素を足し合わせるというものだ．お馴染みの1から100までの級数では，この手続きは和が101になる対が100個でき，その合計は10,100になる．そして，もとの級数は二重になっているので，2で割る必要があり，これで正しい答えの5,050が得られる．このやり方の利点は，級数の長さが奇数か偶数かにかかわらず同じように使えることである．一方，折り畳みアルゴリズムでは，長さが奇数の級数を取り扱うためには少し面倒な調整が必要になる．

　この和を求める問題へのまた別のアプローチは，もっと良いような感じがする．そのもとになるアイディアは，数の任意の集合に対して，それらが等差数列かどうかにかかわらず，その和はすべての要素の平均に要素数を掛けたものに等しいというものだ．したがって，平均値が分かればその和を簡単に求めることができる．この事実は，ほとんどの数の集合ではそれほど役に立たない．なぜなら，平均を計算する唯一の方法はまず和を計算してからそれを要素数で割ることだからである．しかしながら，等差数列では近道がある．級数全体の平均は，最初と最後の要素の平均（あるいは中央の要素の前後に対称に配置された任意の要素の平均）に等しい．これがガウスの秘密兵器であったならば，頭の中で行った掛け算は50×101ではなく$100 \times 50\frac{1}{2}$である．

　これら3種類のアイディアやそのほかのものは，すべてガウスが最初の算数の授業で見つけた方法として，いずれかの著者によって示されたものである．1からnまでの連続する整数を足し合わせる公式として表すと，これら3種類の規則（折り畳み，二重化，平均）は次のようになる．

$$\frac{n}{2}(n+1), \quad \frac{n(n+1)}{2}, \quad n\frac{(n+1)}{2}$$

数学的にはこれらはすべて同値である．すなわち，同じnの値に対してこの三つはすべて同じ答えになる．しかし詳細な計算は異なり，さらに重要なのはこれらの公式を導く論理的思考の過程も異なることである．

　この足し合わせの過程について，まだほかの考え方もある．$n(n+1)/2$は，1, 3, 6, 10, 15, 21, ... という数列に現れる三角数の公式として古くから知ら

れている．（これのどこが三角であるかは，ボウリングの 10 本のピンやビリヤードの 15 個の球を考えれば分かる．）したがって，何人かの著者はガウスが $n \times (n+1)$ の長方形を対角線に沿って半分に切ることで幾何学的に問題を解いたのではないかと述べている．

苦労を重ねて計算する

　非凡なカール・フリードリッヒ・ガウスがこの問題をどのように解いたかについてはここまでにしておく．そのクラスのほかの生徒はどうだったのか．計算用紙を用意して，実際に 1 から 100 までの数を足し算してみてほしい．この作業は，想像するほど長ったらしくも退屈でもないだろう．

　この実験を試みたとき，この大変なやり方に忠実に計算するのは実に難しいことを発見した．律儀に 99 回すべての足し算をコツコツと進めることに取りかかるかもしれないが，見つけようとしなくても，おのずと手っ取り早い方法が見えてくる．小学校で習う標準的な方法を使って，100 個の数を縦に長く書き並べて 1 の位から足し算に取りかかったとしよう．その列の最初の 10 個の数字を足し合わせた時点で中間結果は 45 になる．そして，次の 10 個の数字が最初の 10 個の数字と同じでありそれらを足し合わせると 45 になることが分かる．そして，また次の 10 個の数字も同様であり，この規則性は 1 の位の一番下まで続く．10 の位に取りかかると，10 個の 1 にあとに 10 個の 2 があり，それから 10 個の 3，というように続く．これらの規則性に気づいた生徒は，間違いなくこの繰り返す数をいわれるがままに一つずつ足し合わせはしないだろう．

　小さな石板や計算用紙では，100 個の数を一列に書くことは難しいので，生徒はその課題を部分問題に分割したかもしれない．1 から 10 までの数を足し合わせて，その和が 55 になるところから始めたとしよう．そして，11 から 20 までの和は 155 になり，21 から 30 までの和は 255 になることを発見する．この場合もどこまでこれを続けると，この傾向に気づいて手っ取り早い方法を使うようになるのだろうか．

　もう一度，ザルトリウスがガウスの級友のやり方をどのように記述していたか考えてみよう．生徒は忙しなく「計算，掛け算，足し算を」していた．私は

当初この部分を「数え上げたり，掛けたり，足したり」と訳した．ルートヴィヒ・マクシミリアン大学ミュンヘンのアンドレアス・M. ヒンツは，「計算，掛け算，足し算を」の後ろの二つは補足的な言葉であり，「計算」がどんな行為であったかを説明しているのではないかと述べた．いずれにしろザルトリウスは，ヘレン・ワーシントン・ガウスの翻訳では生き残った唯一の言葉である「足し算」以上のことが行われていたと考えていたことは明らかである．

　あきらかに，このような手っ取り早い方法では，ガウスの方法の手際の良さや創意あふれる発想には対抗できない．それらは数の十進表現に依存していて，連続する整数の並び以外の等差数列には同じように一般化されない．しかし，問題を解くためのうまい方法が普通は複数あることに気づかせてくれる．

　ある特定の種類の生徒だけが 99 回の足し算を続けて 1 から 100 までの数を足し合わせようとするのではないだろうか．それは，計算機かプログラム電卓を使う生徒である．そしてそのような生徒にとって，ガウスの気の利いた方法は必ずしも最良の答えではない．

　もちろん，鞭を取り上げられ石板が計算機になった教室で教える現代のビュットナーは，手作業で長く並べた数を足し合わせるというような実用性に乏しい技能を生徒に教え込むことはないだろう．しかし，この新ビュットナーは，生徒に 1 から n までの整数の和を計算するプログラムを書くように求めることもあるだろう．21 世紀のガウスは，次のようなプログラムを思いつくかもしれない．

```
define clever_sum(n)
    return n*(n+1)/2
```

そして，もちろんガウスは机の上にノート PC を投げ出して「できあがり！」と叫ぶ．そのプログラムは簡潔で，明快で，非常に効率がよい．その実行時間は，どれだけ n が大きくなっても（少なくとも計算する数値が計算機のレジスタの大きさを超えるまでは）実質的に変わらない．

　ほかの生徒は疑うことなく問題の記述に忠実になるよう，1 から n までの整数を順に動いて，そのそれぞれの値を中間結果に足すようなループを書いた．

```
define plodding_sum(n)
    total = 0
    for i from 1 to n
        total = total + i
    return total
```

このアプローチは長ったらしく，実行時間は n の値に比例して増加するので，非常に大きな n に対しては遅くなる．しかし，このコツコツと足し合わせる解法をさっさと却下してしまうべきではない．

　ビュットナーが，1 から n までのすべての整数の平方の和を返すプログラムを書くという新たな課題を出したとしよう．これは，コツコツと計算する生徒には簡単である．単に，total = total + i という行を total = total + (i * i) で置き換えるだけである．ガウス少年はどうだろうか．連続する整数の平方の和を求める公式があることが分かる．ガウスは，n * (n + 1) / 2 を n * (n + 1) * ((2 * n) + 1) / 6 で置き換えればよい．しかしガウスでさえ，この公式を見つけたり，それが正しい結果になる理由を説明したりするためには，少しは手間を要するかもしれない．

　つぎにビュットナーは，次のような一連の整数の逆数を足し合わせるよう生徒に求める．

$$\frac{1}{1} + \frac{1}{2} + \frac{1}{3} + \cdots + \frac{1}{n}$$

この場合も，コツコツと計算する生徒はプログラムを修正して，total = total + (1 / i) という行を追加するのにほとんど時間はかからない．しかし，ガウスは窮地に立たされる．この級数の正確な値を計算する閉形式の公式はない．すべての数学の問題に苦もなく答えが出せるような簡潔で美しい方法があるわけではない．（これは大人になったガウスにはよく分かっていたことである．ガウスは多くのノートに骨の折れる計算の結果を書き込んでいた．）

この寓話の教訓

　ガウスと彼が等差級数を征服した話は，自然と若い人たちに訴えるものがあ

る．結局のところ，主人公は子供，それも「乱暴な男」を出し抜いた子供である．多くの生徒にとって，これは確かに励みになる．しかし，このような話が定期的に繰り返されると，数学は才気の火花を絶えず放ちながら人生を歩む人だけに適したゲームであるという印象を与えるのではないかと少し心配である．

　この寓話を最初に聞いたとき，多くの生徒は自分自身がガウスの役を演じることを間違いなく想像しようとする．しかしながら，遅かれ早かれ自分たちはあまり目立たない級友の一人であることに気づく．そのうちに正しい答えが得られたのならば，それは生まれつきの天才だからではなく，大変な努力をしたからである．このような生徒が努力し続けることを励ますような方法でこの話が語られることを望みたい．そしておそらく，数学にはいろんな種類の人のための場所があることを示すほかの話によって均衡がとられるのだろう．

　この方向に一歩進むと，もうひとつ有名な数学的逸話がある．それはフォン・ノイマンと蝿の話である．これを記憶を頼りに述べようと思う．つまり，ガウスの少年時代に関する文献に盛り込まれたような，根拠のないいくつかの改変を間違いなく持ち込むことになるだろう．

　1950年代初期に次のような問題が出回っていた．同じ線路上で20マイル離れたところにある2台の列車が，それぞれ時速10マイルで近づいてくる．一方の機関車の先頭から蝿が飛び立って，時速20マイルでもう一方の機関車の先頭まで飛んだらすぐに向きを変えて，2台の列車が衝突するまでそれらの間を往復しつづける．この蝿は何マイルを飛ぶことになるか．

　この問題を解くのは厄介そうだ．蝿が往復する軌跡をたどり，蝿が向きを変えるときの列車の位置を算出する必要があるように思われる．さらに悪いことに，蝿が無限に小さいならば機関車に挟まれて潰されるまでに無限回の方向転換をする．しかし，もっと簡単な方法がある．列車はちょうど1時間後に衝突し，蝿はその間ずっと時速20マイルで飛び続けていることに注意しよう．

　ある日，友人がジョン・フォン・ノイマンにこの問題を出した．フォン・ノイマンは頭の回転の速さと問題を解く技術で伝説の数学者，物理学者，そして計算機科学者である．問題を聞いたフォン・ノイマンは，ひと呼吸置くと，20マイルという正しい答えを出した．

「ああ，もうこの解き方を知っていたんだね」と友人は言った．

「どんな解き方だって？」とフォン・ノイマンは答えた．「私は無限級数を足し合わせただけだ」

謝辞

2005 年にこのガウスの逸話のさまざまな文書を集め始めた．そのときはわずかな書籍だけがインターネット上で利用可能であったので，たくさんの図書館をまわって何人もの図書館司書から惜しみない援助を受けた．また，友人はひと目につかない文書を見つけ出し翻訳もして助けてくれた．ケルン大学のヨハネス・ベルク，アメリカ海軍天文台のサリー・ボスケン，ジョンズ・ホプキンス大学図書館のキャロリン・グレイ，マクデブルク大学のステファン・メルテンス，ミュンヘン連邦軍大学のイヴォ・シュナイダー，アラバマ州バーミンガムにあるアルタモント高校のマーガレット・テント，ルイジアナ州ナキトシュにあるノースウェスタン州立大学図書館のメアリー・リン・ワーネットにはとくに感謝したい．

2006 年に最初に本稿を発表したあと，友人や興味をもった読者が山のような貢献をしてくれた．バリー・シプラは，印刷された書籍やインターネット上の文章から新たな事例を 2 ダース以上も掘り起こした．ハーブ・アクリーは，グーグル・ブックスの検索をうまく使い，いくつもの 19 世紀の重要な出典への手がかりを教えてくれて，この逸話の初期の歴史に対する私の理解を大幅に修正することになった．ジェームズ・グラントはこの問題の歴史におけるフィボナッチの立場を指摘し，ドナルド・E. クヌースはアリストテレスによる級数の和の取り扱いに注意を向けさせてくれた．アンドレアス・M. ヒンツは，ドイツ語の文章の解釈におけるいくつもの誤りや 10 年ほども見逃されていた計算ミスを修正してくれた．そのほかの貴重な貢献や助言は，マーク・アウスランダー，ウンベルト・バーレット，ザイド・ブーティチェ，ロバート・ディッケイ，ハンス・マグヌス・エンツェンスベルガー，ジェームズ・グラント，コルム・マルカーイー，ヘンリー・ピッチオット，クリスティアン・シーベネイヒャーによる．

　ビュットナーとガウスの逸話に関するそのほかの資料は，ウェブサイト`http://bit-player.org/gauss-links`に掲載している．その中には，完全な文献リスト，年表，原語での150種類以上のこの話の記述からの抜粋がある．

第 2 章
平均の法則から外れて

　子供たち全員が平均より上であるというミネソタ州の小さな町レイク・ウベゴンについては耳にしたことがあるだろう．この統計学上の奇跡についてはかなり頭を抱え込んでしまう．実力以上の力を出しそこなった子供たちはどうなるのか．彼らが湖を越えてほかの町に連れていかれると，そこではすべての子供たちが平均より下になるのか．このような行為が必ずしも一方の地域に不利益になるように働くというわけではない．これは 1930 年代の砂塵嵐によるオクラホマ州からカリフォルニア州への移住に似ているかもしれない．ウィル・ロジャースはこの両方の州で平均知性が上昇したと言った．

　平均の法則に従わない小さな町は充分奇妙であるが，さらに不可解なのは，これがレイク・ウベゴンに限ったことではない，すなわち，実際には誰しもが平均より上だという結論である．1987 年にウェストバージニア州の医師であり社会活動家でもあったジョン・J. カネルは，50 州すべてでそこの子供たちが標準化された試験で全国平均よりすぐれていると報告したことを発見した．

　このようなパラドックスを解決するとは約束できない．それどころか，平均の世界におけるもっとふざけた事例を紹介することによって，さらに事態を悪化させてみよう．これから述べるのは，たやすく平均をもたなくなるデータの分布についての話である．その分布から取り出したいかなる有限個の標本に対しても，それらの値を足し合わせてその標本の個数で割り算するという算術平均の通常のアルゴリズムを自由に適用することができる．しかし，その結果にはあまり意味がない．このようにして計算した平均がいくらであったとして

も，もっと大きな標本を使うだけでその結果を改善できる．おそらく，これが
レイク・ウベゴン教育委員会の秘密である．

　このような平均を上回る平均の存在は，新たに発見されたものではない．こ
の現象は 1 世紀も前からよく知られていて，この性質をもつ分布は過去 10 年
の間に注目の話題になった．最近，この考えのきわめて単純な例に遭遇した．
ここで述べるのはその話である．

階乗についての事実

　すべては，組合せ論や確率論を含めた数学のさまざまな分野に登場する，お
馴染みの階乗関数から始まる．正整数 n の階乗は，1 以上 n 以下の整数すべて
の積である．たとえば，6 の階乗は $1 \times 2 \times 3 \times 4 \times 5 \times 6 = 720$ である．

　n の階乗は，標準的には $n!$ と表記する．感嘆符の使用は，ストラスブールの
数学者クリスチャン・クランプが 1808 年に導入した．必ずしも全員がこの表
記に前向きではなかった．1842 年に著名な英国の数学者であり論理学者でも
あったオーガスタス・ド・モルガンは，感嘆符は「数学的結果の中に 2, 3, 4,
... が見つかることの驚嘆と称賛を表す様子」を示していると愚痴をこぼした．

　階乗関数の一般的な応用の一つは，順列や並べ替えを数える場合である．6
人が食事をとるとき，彼らをテーブルにつかせる場合の数は $6!$ 通りである．こ
の理由は簡単に分かる．最初の人は 6 席のうちのどの席を選ぶこともでき，次
の人は残りの 5 席の中から選ぶことができ，これが 6 人目の人は残った席がど
れであってもその席を選ぶしかないというところまで続く．

　階乗関数は，急激な増大率でも悪名高い．$10!$ はすでに数百万になっていて，
$100!$ は 10 進で 158 桁の数である．n が増加するにつれて，$n!$ は n^2 や n^3 のよ
うな n のいかなる多項式関数や 2^n や e^n のようないかなる単純なべき乗関数よ
りも速く大きくなる．実際，定数 k を好きなだけ大きく選んだとしても，$n!$ が
n^k と k^n の双方を超えるような n の値が存在する．（その一方で，$n!$ は n^n よ
りもゆっくりと大きくなる．）

　$n!$ の桁数が急激に増大することは，計算機で階乗を調べようとするときに扱
いにくく悩みの種になる．整数を 32 桁の 2 進数に詰め込んでいるようなプロ

グラミング言語では 12! を超えることはできないし，2進 64桁の計算でも 20!
で使い切ってしまう．それよりも先に進むためには，任意長の整数を扱うこと
のできる言語やプログラム・ライブラリが必要になる．

　このような不自由さがあるにもかかわらず，計算機科学において階乗関数は
古くから愛用されている．しばしば階乗関数は，再帰呼び出しの考えを導入す
るときに紹介される最初の例であり，次のような手続きで定義される．

```
define f!(n)
  if n = 1
    then return 1
    else return n*f!(n-1)
```

この定義を理解する一つの方法は，この手続きをあなた自身で置き換えてみる
ことである．あなたは階乗賢者であり，誰かがあなたに n を与えたとき，あな
たは $n!$ を答えなければならない．n が1であったとしたら，あなたの仕事は
簡単である．なぜなら 1! を計算するのにそれほど努力はいらないからである．
n が1より大きければ，あなたはその答えを直接知ることはできないかもし
れない．しかし，その答えをどのようにして見つければよいか分かっている．
$n-1$ の階乗が得られたら，その結果に n を掛ければよいのである．それでは，
$n-1$ の階乗はどこで見つければよいのか．単純なことだ．それを自分自身に
問うのだ．あなたは階乗賢者なのだから．

　このような自己参照を用いた考え方は，徐々に気に入るようになる．再帰呼
び出しよりもループのほうが好きな人には，階乗を次のようにも定義できる．

```
define f!(n)
  product ← 1
  for x in n downto 1
    product ← product*x
  return product
```

この場合には，n から1まで減らしていきながらの掛け算が明示的に行われて
いる．もちろん，同じように1から n まで増やしていくことも簡単にでき，そ

の結果は変わらない．実際には，n個の数の$n!$通りの並べ方のいずれに並べて
もよい．すべての並べ方は数学的に等価であるが，ある並べ方で計算を組み立
てる方法はほかの並べ方よりも効率がよい．

蓋乗

　ある日，キーボードを叩いていて，次のような階乗に似た手続きを思いつ
いた．

```
define f?(n)
  r ← random(1,n)
  if r = 1
    then return 1
    else return r*f?(n)
```

これは階乗を計算しようとしたプログラムの失敗作のようだが，実際には大幅
に違うものを計算する．2行目で呼び出される補助手続き random(1, n) は，
1以上n以下の範囲から整数を無作為に選んで返すものとする．そうすると，
このプログラムは一連の無作為な整数を選んでは掛けていき，random(1, n)
がたまたま1になると止まる．これは，n面サイコロを振って，1の目が出る
までに出た数をすべて掛け合わせるようなものだ．

　$n = 7$に対して，このプログラムを何度か試行してみた結果は次のとおりで
ある．

$4 \times 3 \times 2 \times 4 \times 7 \times 2 \times 1 = 1{,}344,$

$2 \times 5 \times 4 \times 5 \times 4 \times 3 \times 6 \times 2 \times 2 \times 5 \times 1 = 288{,}000,$

$7 \times 5 \times 5 \times 1 = 175,$

$4 \times 7 \times 6 \times 2 \times 6 \times 5 \times 6 \times 3 \times 5 \times 3 \times 3 \times 3 \times 7 \times 4 \times 3 \times 3 \times 7 \times 2 \times 5 \times 1 =$
$$432{,}081{,}216{,}000.$$

7! は，この試行には現れない値である5,040に等しいことに注意しよう．ここ
に現れる結果は，極めて広い範囲に散らばっている．

　この階乗関数の乱数版には名前が必要である．これを蓋乗関数と呼ぼう．また，現代のド・モルガンの慣りと愚弄を受ける危険を冒して，計算の非決定的特徴をほのめかすために $n?$ という表記を使う．

　正確に言えば，蓋乗関数はその名前にあるような数学的な意味での関数ではない．関数呼び出し $f!(7)$ は，何度呼び出しても 5,040 という値を作り出す．しかし，すでに見たように $f?(7)$ は，乱数生成器の予測できない振る舞いに依存して，呼び出されるたびに異なる値を返すことになるだろう．さらに言えば，この手続きはいかなる値も返さないかもしれない．すなわち，プログラムは永久に動き続ける可能性もある．手続き $f!$ は停止することが保証されている．なぜなら，それぞれの再帰呼び出しに対して（あるいはループを 1 周するごとに），乗数は小さくなり，最終的には 1 に到達するからである．しかし，$f?$ が停止するのは，サイコロを振って 1 の目が出たときだけであり，それはけっして起きないかもしれない．

　実際にやっていると，このプログラムはいつもなんとか停止する．簡単な計算によって，random(1, n) は n 回の試行中に約 3 分の 2 の確率で 1 が生じることが分かる．そして，1 は $5n$ 回の試行の中でほぼ確実に現れる．このようにして，n が小さい（たとえば 1,000 未満）ならば，ほぼ確実に $f?(n)$ は値を計算することに成功する．n がもっと大きければ，計算される積は利用可能な記憶領域をすべて埋め尽くし，プログラムはエラーメッセージとともに停止するだろう．

　蓋乗の定義にある不規則性の要素によって，$n?$ の値がいくつになるかと尋ねることに意味はない．せいぜい望みうるのは，その値の統計的分布を理解することくらいである．一般的に，これは平均値と分散または標準偏差のような統計量を推定することを意味する．しかし，この場合にはこれらのよく知られた統計ツールは問題含みなので，もっと簡単な問いを尋ねることから始めよう．蓋乗を階乗と比較するとどうなるか．$n?$ は $n!$ よりもだいたい大きいのか，それとも小さいのか．（もちろん，この二つが等しくなることもありえるが，n が大きくなるに従ってこのように正確に一致する確率はゼロに近づく．）

　最初にこの問いに悩み始めたとき，$n?$ は通常 $n!$ より大きくなるだろうと思い込んでいた．幸いにも，この結論に至った「論証」の詳細を忘れてしまった

が，$n?$ のとりうる有限個の値だけが $n!$ よりも小さいのに対して，無限に多く
の値が $n!$ よりも大きいというような考えと関連していた．私の論証を再構成
しても何の意味もない．なぜなら，それはまったく間違っていたからである．
実験によってこの問いに答えるためにプログラムを書いたとき，$n?$ の値のほ
ぼ3分の2が $n!$ よりも小さくなることが明確になった．（その結果を図2.1に
示す．）

　小さな例，たとえば $n = 3$ の場合を調べて，最終的な積が 3!，すなわち 6 よ
り小さくなる場合を数えることで，何が起きているかを何となく理解すること
ができる．$n = 3$ に対して乱数生成器の出力としてありえるのは 1, 2, 3 だけ
であり，それぞれは確率 1/3 で現れる．もっとも単純な事象は最初の試行で
1 が出る場合であり，この場合にはあきらかに 6 より小さい．これは確率 1/3
で起きる．ちょうど二つの数の積になるのには 2 通りあり，それは 2 のあとに
1 が続く場合と，3 のあとに 1 が続く場合である．これらの結果はそれぞれ確
率 $(1/3)^2$，すなわち 1/9 で起こり，これらの場合もその積は 6 よりも小さい．

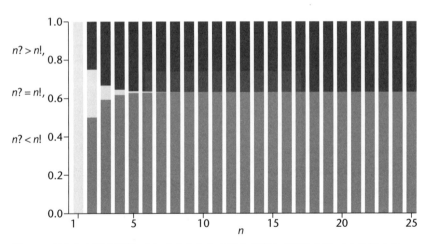

図 **2.1**：無作為な冪乗関数 $n?$ により作られる値を対応する階乗の値 $n!$ と比較する．n
のそれぞれの値に対して，$n!$ より大きい（濃い灰色），$n!$ に等しい（薄い灰色），$n!$ より
小さい（中間の灰色）となる $n?$ の値の割合を，棒の長さによって示す．n が大きくなる
と，$n!$ よりも大きい $n?$ の値の割合は 0.3678 になり，これは $1/e$ に等しい．

紙と鉛筆で列挙してみると，積が6より小さくなる数の列はあと1通りだけある．それは2, 2, 1であり，それが起きる確率は1/27である．これらの確率の和は$1/3 + 2/9 + 1/27 = 16/27$，すなわち0.5926である．これは，実験結果とつじつまがあっている．

nが大きくなるにつれ，$n?$の値が$n!$よりも小さい割合は0.6322という値に収束する．そして，$n!$よりも大きい$n?$の値の割合は0.3678に近づく．これらの数に何か特別なことがあるのか．そして，この特定の割合が突然出現する理由を説明できるか．それは説明できる．それぞれの繰り返しにおいて，1が得られて蓄乗の処理が終了する確率は$1/n$であることに注意する．これは，1以外の数が得られて，掛け合わせる数の列が続く確率が$(n-1)/n$であることを意味する．すると，2回連続して1にならない確率は$((n-1)/n)^2$，3回連続して1にならない確率は$((n-1)/n)^3$というように続く．$n?$が$n!$を超える可能性が高くなるのは，掛け合わせる数の列の長さが少なくともnを超えなければならない．そこに達する確率は$((n-1)/n)^n$である．nが大きくなるにつれて，この式は$1/e$に収束する．ただし，eは自然対数の底であり，その値は約2.7183である．その逆数は0.3678であり，これは実験で観測した値そのものである．

$n?$のほとんどの値が$n!$よりも小さいならば，$n?$の値すべての平均もまた$n!$より小さくなければならないのではないか．それを見てみよう．しかし，まず少し脱線して，密接に関連する関数で，平均をとることがいかにうまく働くと考えられているかを示すものを見てみよう．

行儀の良い関数

階乗関数のプログラムを詳細に調べて，掛け算の記号を足し算の記号で置き換えると，結果として三角数1, 3, 6, 10, 15, 21,...を計算する手続きになる．三角数は，正三角形を形作るように並べることのできるものの集合：に対応する．

4の階乗は$1\times2\times3\times4 = 24$であるが，それに対応する三角数は$1+2+3+4 = 10$である．（$n$番目の三角数を計算するよく知られた公式$n(n+1)/2$は，第

1章「ガウス少年の足し算」で詳しく論じた．興味深いことに，階乗に対して
は近似式はあるものの三角数のような単純な公式は存在しない．）$n!$ のプログ
ラムを三角数を生成するように変更したので，$n?$ のプログラムに対しても同
じ変更を行うことがすぐにできる．その結果は，n 面サイコロを振って，1 の
目が出るまでに出た数をすべて足し合わせていく手続きになる．

　乱数の和は，乱数の積よりもかなり行儀がよい．乱数化された三角和におい

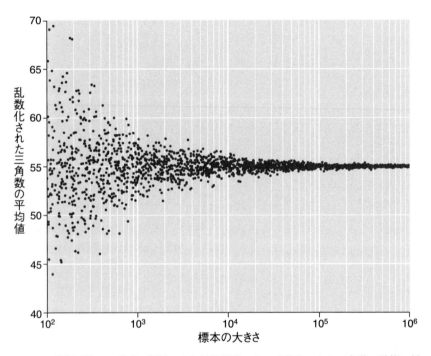

図 2.2：算術平均は，蓋乗に類似した加法的関数である乱数化された三角数の計算に対
してうまく定義される．このアルゴリズムは，1 以上 10 以下の範囲から整数を無作為に
選び，最初に 1 が現れるまでその整数を足し合わせる．この処理を何度も繰り返し，標
本におけるプログラムの実行すべてに対してその平均値を計算する．図に示した 2,000
個の点それぞれは，縦方向の位置が計算された平均を表し，横方向の位置が標本の大き
さを表す．標本の大きさが大きいほど，標本の平均は全体の平均である 55 に近づく．こ
の 55 は 10 番目の三角数である．

て，算術平均を計算するアルゴリズムはそつなく動いている．値の標本（すべて同じ n）を生成し，それらを足し合わせ，標本の大きさで割ると，平均の推定が得られる．小さな標本では，その推定はいささか信頼できないので，その手続きを繰り返すと実質的に異なる結果が生成されがちである．しかし標本の大きさが大きくなるに従って，その推定は一致するようになる．図2.2は，さまざまな大きさの2000個の標本に対して標本の平均が真の平均に収束することを示している．

けっして平均をとってはならない

蓋乗処理の統計値は劇的に異なる．最初に $n?$ 関数と戯れ始めたとき，その平均値について気になったので手短に小さな標本で計算してみた．具体的には，10? を100回繰り返した．得られた結果は 10^{25} 付近にあり，予想したよりもかなり大きな値であった．何度も計算を繰り返すと，巨大な数が得られつづけ，さらにそれらは 10^{20} 未満から 10^{30} をはるかに上回る広い範囲に散らばっていた．この揺らぎをならすための明らかな方策はもっと大きな標本で試すことであった．しかし，一度に 10,000 回の蓋乗の平均をとり，それから一度に百万回の蓋乗の平均をとると，その値はさらに大きくなり変動の幅は広がった．

私が目の当たりした結果を図2.3に示す．それぞれの点は，$n?$ プログラムを実行した標本を表している．横方向の位置は標本の大きさを表し，縦方向の位置はその標本から計算された算術平均を表す．すべての場合において，n の値は 10 である．これが n の関数としての $n?$ のグラフではないことは重要なので強調しておく．n の値は固定されている．このグラフで左から右に進むに従って変化するのは，平均を計算する標本の大きさである．ここには収束の兆候はない．傾向は増加し続け，標本の試行回数が増えるに従って計算される平均も大きくなる．1,000 回の試行の平均をとれば10? の「平均」値は 10^{40} か 10^{50} 付近にあるが，百万個の標本を集めるところまで進むとおおよそ 10^{90} にまで上昇する．（ちなみに，10! はおおよそ 10^6，正確には 3,628,800 である．）

傾向の周りの点のばらつきも，標本の大きさが大きくなるに従って小さくなる兆候はないことを示している．このようにして，データの分散または標準偏

差を特定することも不可能である.

　奇妙ではないか. 一般的に, 実験を行ったり, 測定をしたり, 世論調査を実施したりすると, 集めるデータが多ければ多いほどより正確で一貫性をもつことを期待する. ここでは, データが多ければ多いほど, 状況は悪くなるだけのようにみえる.

　蓋乗のデータを詳しく見ると, 平均の計算によって何が悪くなっているのかを理解するのは難しくない. 10? の値の大多数は比較的小さい (3,628,800 未満) が, 蓋乗処理はときおり突出した巨大な積を作り出す. 標本が大きくなれ

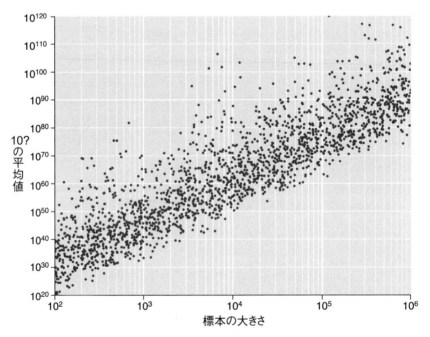

図 **2.3**：蓋乗関数に対しては算術平均は定義されない. ここでは, 1 以上 10 以下の範囲から無作為に数を選んで, 1 が現れるまでその数を掛け合わせる. 図に示した 2,000 個の点それぞれは, 標本の大きさと標本に対して計算された平均に従って配置されている. 標本の大きさが大きくなるに従って, 計算された平均は安定した値に収束しない. 傾向は増加し続け, 観測される平均値のばらつきも大きくなり続ける. 約 1,000 個の値の標本では, 平均は 10^{50} に近い. 約 100,000 個の値の標本では, それよりも 30 桁も大きい.

ばなるほど，このような異常値が含まれる確率は高くなる．そして，それが平均をとる過程を完全に支配する．1,000 個の値の標本が大きさ 10^{100} の値を含んでいたとしたら，残りのデータ点がすべてゼロだったとしても，平均は 10^{97} になってしまうだろう．

　統計学者がデータセットの中心傾向と呼ぶものを特徴づけるのに使える道具は算術平均だけではない．幾何平均を使うこともできる．二つの数 a と b に対してそれらの幾何平均は $a \times b$ の平方根と定義され，k 個の数の幾何平均はその k 個の数の積の k 乗根である．蓋乗処理から得られる標本の幾何平均では，算術平均で遭遇した問題に悩まされることはない．幾何平均は，いささかゆっくりではあるが安定した値に収束する．（図2.4 を参照のこと．）さらに，$n?$ の

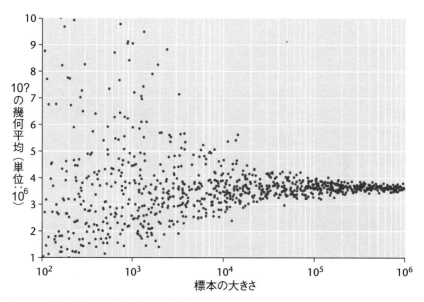

図 **2.4**：幾何平均は，算術平均ほど馴染みはないが蓋乗の分布をうまく測定できる．k 個の数の集合に対して，その幾何平均は k 個の数すべての積の k 乗根と定義される．10?の標本では，標本の大きさが大きくなるに従って，その幾何平均は特定の有限の値に向かってゆっくりと収束する．その処理が収束していく値は 10!，すなわち 3,628,800 である．

幾何平均はちょうど $n!$ であることが分かるので，幾何平均は得られる情報が
かなり多い尺度である．蓋乗が加法に基づく統計量よりも乗法に基づく統計量
によってうまく記述されるということは，おそらく驚くにあたらないだろう．

　$n?$ の中央値もうまく定義できる．中央値はデータセットの真ん中の点の値，
すなわち残りのデータの半分よりも大きく，半分よりも小さい点の値である．
中央値は，それよりも大きい値と小さい値の数を数えるだけでその実際の大
きさは気にしないので，算術平均を台無しにした異常値の影響を受けにくい．
$10?$ の標本では，その中央値は 27,000 に近い値に収束する．それは，$10!$ より
もかなり小さい．（図 2.5 を参照のこと．）

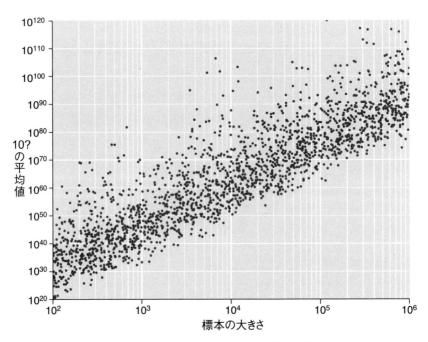

図 2.5：蓋乗処理の中央値は，算術平均よりも得られる情報が多い．中央値は，標本の
中間点の値，すなわち残りの半分の値はそれよりも小さく，半分の値はそれよりも大き
い．$10?$ によって生成されたデータに対して，その中央値は約 27,000 に収束する．これ
は 3,628,800 に等しい $10!$ に比べるとかなり小さいことに注意せよ．

蓋乗を手なずけるのに，対数をとるという方法もある．$n?$ のそれぞれの値の対数を求めて，対数の算術平均を計算すると，その結果はとてもいい感じに収束する．（対数の平均をとるのは，平均の対数をとるのと同じではないことに注意せよ．）この方策がうまくいくのは，何も驚くことではない．グスタヴァス・アドルフ・カレッジのマックス・ハイルペリンは，対数の算術平均は幾何平均の対数と同じであることを指摘した．幾何平均は収束することが分かっているので，その対数もまた収束しなければならない．

利用可能なほかの統計的手法を使ったとしても，算術平均のように慣れ親しんで初等的で身に染みついたものが使えないことに直面すると狼狽してしまう．ユークリッドの平行線の公理がもはや使えない数学の分野や交換法則が無効になってしまう数学の分野に巻き込まれてしまったようなものである．たしかに，そのような分野は存在し，その分野を探索することが数学を豊かなものにしてきた．平均や分散のない分布は同じように統計学の地平線を拡大させた．そうだとしても，それに慣れるには少し時間がかかる．

太い裾

蓋乗関数と名づけた手続きは非常に単純なので，これまでに誰かが気づいていたに違いない．この特定の処理に言及しているものは見つけられなかったが，乱数の積を含めたもう少し一般的なモデルは文献に登場している．（ミシガン大学のマーク・ニューマンによる概説論文とハーバード大学のマイケル・ミッツェンマッハによる概説論文はとくに参考になった．）

これらの論考は，裾の重い分布あるいは裾の太い分布の研究を文脈としている．お馴染みの正規分布はこのクラスに**属さない**．正規分布は裾が痩せている．正規分布曲線の両端は，最高点から離れると指数関数的に減衰するので，起こりにくい事象は実に起こりにくく目にすることはなくなる．裾の太い分布はもっとゆっくりと減衰し，異常値や奇抜な事象の余地を残す．人の身長は正規分布に従う変数である．ほとんどの人の身長は2メートル以下であり，3メートルを超える人はいない．人の財産は裾の太い分布である．世界中で純資産の中央値は約3,600ドルだが，百万長者や億万長者もいる．（身長が財産と

同じ分布をもつとしたら，身長が100万メートルの人がいることになる．）

　財産の分布は，1890年代のイタリアの経済学者ヴィルフレド・パレートの研究成果に始まり，裾の太い分布への関心が高めた最初の事例の一つであった．その後，自然言語における語の出現頻度もまた裾の太い分布により説明されることが明らかになった．通常これは，ジョージ・キングズリー・ジップにちなんでジップの法則と呼ばれる．都市の大きさもまたこの例になっている．都市の人口が正規分布であれば，ムンバイやサンパウロはありえない．過去10年かそこらで，太い裾はウェブサイトへのリンク数や科学技術論文の引用数，株式市場価格の変動，コンピューターのファイルサイズなど至る所で現れているように思われる．

　古典的な裾の太い分布は，裾の減衰がべき乗則で説明されるような分布である．αを定数として，ある量xを観測する確率は$x^{-\alpha}$に比例する．αの値が小さければ小さいほど，裾は太くなる．αが2より小さいときには，この分布の平均は存在しない．対数目盛でグラフを描くと，べき乗則の分布は直線を形作る．対数正規と呼ばれる別の裾の太い分布は，ある区間では直線に従うが，ある地点でいきなり急降下する．対数正規は，その名が示すように対数が正規分布するような変数によって作られる分布である．

　蓋乗関数についてはどうか．$n?$の値を説明するのはどの分布か．$n?$の積の対数はいかにも正規分布になるだろうという漠然とした直感に基づいて，最初の推測は対数正規であった．私の直感はここまでである．蓋乗関数の両対数グラフ（図2.6を参照のこと）は，べき乗則の振る舞いをしている明らかな証拠を示している．そのグラフは直線であり，対数正規では期待される「折れ曲がり」の気配はない．指数αの値を計算すると約1.07であり，平均と分散が存在しなくなる範囲にきっちり入っている．

　ニューマンとミッツェンマッハの指針によって，蓋乗がべき乗則に従う理由を最終的には理解するに至った．彼らはカナダのヴィクトリア大学のウィリアム・J．リードとオーストラリアのメルボルン大学のバリー・D．ヒューズの論文を挙げた．リードとヒューズは，指数関数的な増大の過程が無作為な回数で止まるときには，その結果として得られる値の分布はべき乗則に従うことを示した．彼らの例の一つは，平均がμである乱数の掛け算で，無作為な回数の

のちに止まる．蓋乗関数は，この処理の特別な場合にすぎない．のちに，ウェスタン・オーストラリア大学のアンソニー・G. ペイクスは，蓋乗処理そのものを徹底的に解析した．

　確率分布の形状は，生活の多くの分野に深刻な影響を及ぼしうる．ハリケーンの大きさと強さが正規分布に従うのならば，おそらくそれらの最悪のものに対処することができるだろう．分布の裾に潜む巨大な嵐があるとしたら，その見込みはかなり違ったものになる．保険業者や金融アナリストのようなリスク評価を生業にしている人たちは，このような問題に強い関心をもっている．

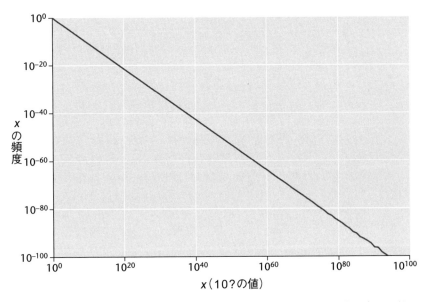

図2.6：蓋乗の値の分布は対数目盛での直線に従う．これはべき乗則の振る舞いの紛れもない証拠である．関数10? のそれぞれのとりうる値 x に対して，このグラフは x の値が観測される相対頻度を表示している．x の頻度は $x^{-\alpha}$ に比例する．ただし，α の値は約 1.07 である．この分布の端近くのデコボコは，標本が有限の大きさ（n? 関数を 1000万回実行）であることにより生じている可能性がある．

謝辞

　この小論の以前の版にあった誤りと見落としは，セントルイス・ワシント
ン大学のアーネスト・ジナー，ミネソタ州セントピーターにあるグスタフ・ア
ドルフス大学のマックス・ハイルペリン，カール・ウィッティ，ウエスタン・
オーストラリア大学のアンソニー・G. ペイクスの惜しみない援助により修正
された.

第3章
いかにして自らを回避するか

　毎週日曜日の朝，あなたはとくにどこかへ向かうのでもなく，一つだけ歩き回る際の規則を決めて街に散歩に出かける．その規則とは，けっして同じところを歩かず，また歩いたところを横切らないことである．すでに特定の区画に沿って歩いていたり交差点を通過していたりするならば，そこに再び立ち入ることはしない．

　格子状になった街路の中で同じところを通らずに進むこの手順は，物理学，化学，計算機科学，生物学の横道は言うまでもなく，数学の意外な路地裏へとつながる．自らを回避するのは難問であることが分かる．半世紀もの間，自己回避ウォークの精密な解析は数学者を悩ませてきた．そのような歩き方を数えるだけでも難しい問題なのである．自己回避ウォークで長く歩きたい，たとえば100ブロックを歩こうとするならば，何通りの歩き方ができるかは誰にも分からない．

　私自身が自己回避に取り組むことになったのは，たんぱく分子の折り畳みの単純なモデルで実験を始めたときであった．たんぱく質の折り畳みは，当初は長鎖高分子の形状を理解するための道具として考案された自己回避ウォークの歴史的な起源に近い．撚られたスパゲッティのような高分子のよじれとうねりは，溶液中で不規則な絡み合いを形作る．すなわち，二つの原子が同時に同じ位置を占められないことを除いて規則性はない．この高分子の「排除体積効果」は，自己回避にこだわった歩き方としてモデル化される．

　自己回避ウォークは，磁性体の物理学など，ほかの科学の分野にも応用があ

る．草を食むある種の動物は，自己回避ウォークに似た足跡を残す．おそらく
それは，すでに草を食べてしまったところに食べに行っても意味はないからで
ある．そして，この自己回避ウォークは純粋な数学的対象としても興味深い．
それに関する多くの問題は厳しい解析にもびくともせず，これまでに知られて
いる最良の答えは計算機を駆使した実験から得られたものである．

　ここで紹介する自己回避ウォークのほとんどは，2次元の正方格子上に生じ
る．この正方格子は，格子状になった街路から数学的な特性だけを取り出した
ものである．正方格子は，x座標とy座標が整数であるような平面上の点全体
からなる．原点，すなわち座標が$x = 0$, $y = 0$である点から歩き始める．1ス
テップでは常に格子上の現在位置からそれにもっとも近い隣接格子点4個のい
ずれかに移動する．慣習として経路の長さnはステップ数と定義するので，訪
れた格子点の数は$n + 1$個になる．

横道にそれたかどうかは分からない

　自己回避ウォークを理解しようとする場合，自己回避は気にせずにまったく
無作為に街を歩き回るところから始めるのがよい．そのようなウォークのそれ
ぞれのステップでは，4個の隣接格子点の一つを等確率で選んでそこに移動す
る．通ったところに線を引きながらこの処理を数百回繰り返すと，不規則とは
いえ独特な形状がはっきりと分かる落書きが出来上がる．

　正方格子上に描くことのできるランダムウォークは何通りあるのだろうか．
原点からは1ステップ，具体的には東西南北いずれかに1単位進むことで構成
される4通りのランダムウォークがある．2ステップ目には，これらのランダ

図3.1（見開きページ）：矩形状の格子になった街路を踏査する3種類のウォーク．ラン
ダムウォークはそれぞれの交差点で4方向のいずれも選ぶことができる．非逆進ウォー
クはUターンできないので，出発点を除くすべての格子点で3通りの選択肢がある．自
己回避ウォークは，すでに訪れた格子点に戻ることはできない．ここでは，それぞれの
ウォークは1,000ステップからなり，白丸から出発して黒丸で終わる．自己回避ウォー
クは広範囲に及ぶので縮小して表示してある．

ランダムウォーク

非逆進ウォーク

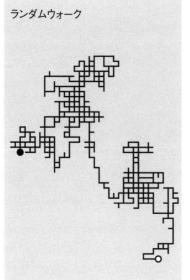

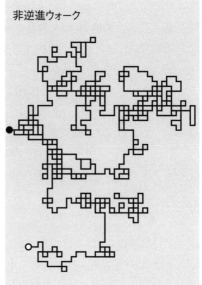

自己回避ウォーク

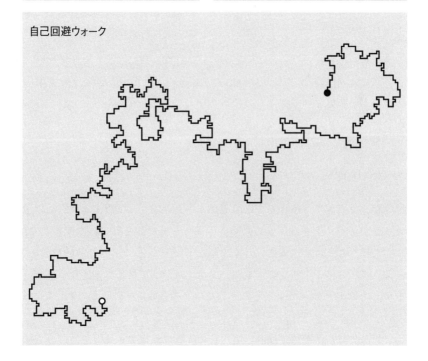

ムウォークそれぞれから同じ4方向のいずれにも延長できるので，2ステップのランダムウォークは16通りある．もう1ステップ進むごとに経路の数は4倍になるので，n ステップのランダムウォークは 4^n 通りになる．この数列は4, 16, 64, 256, 1,024, ... と続く．

　ランダムウォークに関して，出発点に戻ってこられるのかどうかという興味深い問題がある．おおよそ100年前にジョージ・ポリアは，この答えが格子の特性，とくにその格子が何次元の空間を占めているかに依存していることを示した．1次元や2次元では，十分に長い経路を歩くと確実に出発点に戻ってくる．すなわち，出発点に戻る確率は1である．しかし，3次元以上では迷子になるのに十分な空間があるので，どれだけ長く歩いたとしても原点に戻れる保証はない．

　ポリアの結果から，2次元の格子状の自己回避ウォークについてすぐに分かることがある．ランダムウォークで出発点に戻る確率が1ならば，再び原点を訪れることのない確率は0でなければならない．そして，原点は自己回避ウォークが回避する点の一つであるから，いくらでも長い自己回避ウォークはほぼありそうにない，すなわち非常にまれで例外的なのでそれが見つかる見込みはほぼないにちがいない．この実例の希少性が，自己回避ウォークを研究するのが難しい理由の一つである．そして逆説的だが，自己回避ウォークは山ほどあるのでそれをすべて数えるのはかなり大変だというのがもう一つの理由である．

振り返るな

　純粋なランダムウォークと自己回避ウォークの中間に位置する段階に非逆進ウォークがある．街を散策するための手順としては，それぞれの交差点で前，左，右に進むことはできるが，今来た道をUターンして戻ることはできない．このように正方格子上の非逆進ウォークは1ステップ目には4通りの選択肢があるが，そのあとのステップそれぞれでは3通りの選択肢しかない．これは，n ステップの非逆進ウォークは $4 \times 3^{n-1}$ 通りあることを意味する．大きな値の n に対しては，最初の4通りの選択肢の影響は無視できるので，この増加率

は単純に 3^n であるといってよい.

ランダムウォーク,非逆進ウォーク,自己回避ウォークの典型的な例は一目で見分けることができる.(図3.1を参照のこと.)通常,ランダムウォークは,ほとんどの格子点に少なくとも1回訪れている密集した領域からなる.そして,それらの領域はそれよりもまばらに点在する区域を通る巻きひげによって結ばれている.ランダムウォークの足跡は,高速道路で結ばれた町や都市の地図のように見える.非逆進ウォークは,ランダムウォークに似ているが,もっとひらけた光景を暗示していて,都心というより郊外の無秩序な開発のようである.そして,自己回避ウォークの足跡は,高速道路に沿った都市ではなく高速道路そのものか蛇行した川のように見える.それらには分岐点や閉路はない.

このような外見上の違いは,ウォークの形状の量的評価尺度に反映される.そのような尺度の一つとして,ウォークの始点と終点の間の平均平方変移がある.それを計算するためには,n ステップのウォークからなる大きな標本が必要になる.それぞれのウォークに対して,原点から終点までの直線距離を測り,それを2乗したものをすべてのウォークにわたって平均をとる.ランダムウォークでは,その変位の2乗の平均は n である.(これは,始点と終点の平均距離が $\sqrt{n}$ であることを意味しない.なぜなら平方距離の平均は平均距離の平方と同じではないからである.)非逆進ウォークでは,対応する平均平方変位は $2n$ である.自己回避ウォークは質的に異なる.その平均平方変位は,n の非線形関数として増加する.その関数は $n^{3/2}$ のように見える.

大雑把にいうと,平均平方変位はウォークが覆う区域の大きさを測る.100ステップのウォークの大きな標本を考えてみよう.そのウォークが純粋に無作為であれば,平均平方変位は100に近くなり,典型的なウォークは100平方ブロックの領域の中に含まれるだろう.非逆進ウォークでは,その領域は約200平方ブロックになるだろう.自己回避ウォークの場合には,$100^{3/2}$ を計算すると1,000になる.そうすると,自分自身の道を回避することはかなり大きな領域にウォークが広がる効果をもつ.(図3.2を参照のこと.)

ランダムウォークと自己回避ウォークには,ほかにも重要な違いがある.すべてのランダムウォークや非逆進ウォークは永久に進み続けることができる.

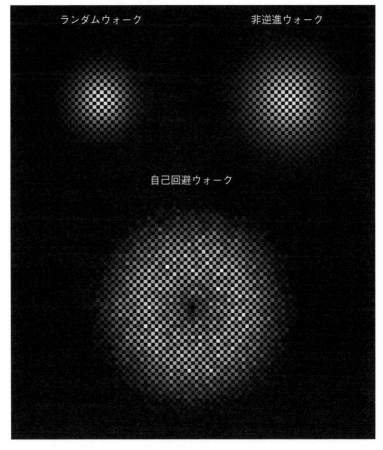

図3.2：正方格子上のウォークの移動距離，そしてその結果としてそのウォークの終点の分布は，そのウォークに適用される規則に依存する．三つの図は，それぞれ50ステップのウォーク 10,000 個の終点を記録したものである．ウォークはそれぞれの円板の中心にある原点（$x = 0$, $y = 0$）から出発する．任意の格子点で終わるウォークの数は，それに対応するマスの明るさで表現されている．ランダムウォークはもっとも小じんまりとまとまっていて，非逆進ウォークはもう少し大きい．そのいずれの場合も，もっともウォークの終点になりやすい場所は原点もしくはその近くである．自己回避ウォークは，もっと広い領域に広がる．さらに，自己回避ウォークは原点の近くに戻ることを避ける傾向にあり，終点はドーナツ状に分布する．この三つの図すべてに共通して市松模様が生じているのは，50ステップのウォークでは原点からの距離 $x + y$ が偶数であるような格子点で終わらなければならないからである．

行き止まり！

すなわち，常にもう1ステップ進むことができる．しかし，自己回避ウォークは，その隣接格子点にすべて訪れたことがあるような格子点に出くわし，袋小路に陥ることがある．言い換えると，いくら頑張っても自身を回避できない場合がある．与えられたステップに対して，身動きできなくなる確率は小さく1パーセント未満である．しかし，ウォークをどこまでも延長すれば，いつかは行き止まりに迷い込むのは確実である．これは，自己回避ウォークがまれであり特別であると言い換えることができる．自己回避ウォークは，ただ生き残るためにも逆境に打ち勝たなければならないのである．

歩数を数える

　方形格子上ではnステップの自己回避ウォークは何通りあるだろうか．ランダムウォークの式4^nや非逆進ウォークの式$4 \times 3^{n-1}$と類似した正確な公式は知られていない．公式に一番近いのは，上限と下限を定めることである．自己回避ウォークの数は$4 \times 3^{n-1}$未満でなければならない．なぜなら，非逆進ウォークの数が$4 \times 3^{n-1}$であり，非逆進ウォークは自己回避ウォークを部分集合として含むからである．同様にして，自己回避ウォークの部分集合で，その数が2^nで増加するようなものを簡単に構成できる．その一例は，それぞれのステップで北か東にしか進まないウォークの族である．そうすると，nステップの自己回避ウォークの数は2^nと$4 \times 3^{n-1}$の間になければならない．計算機を用いた列挙で得られた経験的証拠によって，その増加する比率は約2.638^nになることが示されている．

　nステップの自己回避ウォークの正確な数を知りたいのであれば，それを手に入れる唯一の知られている方法は実際にそれを数えることである．それは，鉛筆と方眼紙を使って始めることができる．1ステップの自己回避ウォークは，原点から北，東，南，西に進む4通りがある．これらのウォークそれぞれは，3方向（4方向ではない．なぜなら180度方向転換して来た道を戻ることはできないからである）のいずれにも延長できる．したがって，2ステップの

自己回避ウォークは4×3＝12通りある．このようにして続けると，2ステップの自己回避ウォーク12通りを延長して3ステップの自己回避ウォーク36通りを作ることができる．

ほぼこの時点で，この処理が鬱陶しいほどの繰り返し作業だと気づき始める

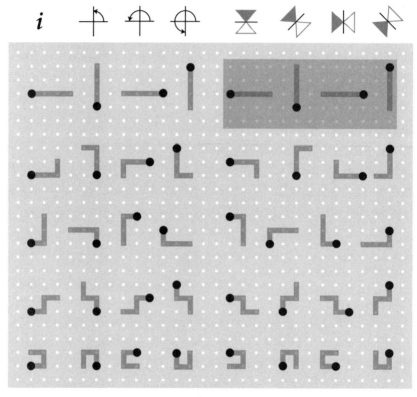

図3.3：対称性によって，異なるウォークの数は約8分の1に減る．3ステップの自己回避ウォーク5種類を左端の列に示す．（この列に i と書いてあるのは，恒等変換を意味する．）それ以外の7列は，90°, 180°, 270° 回転させたウォークと，4種類の鏡映軸（縦，横，2本の対角線方向）に沿って裏返したウォークである．全部あわせると40種類のウォークがあるが，まっすぐなウォーク（1行目）については裏返しは回転と同じ効果になる．濃い灰色の矩形の中にある重複したウォークを除くと，区別することのできる36種類のウォークが残る．

かもしれない．実質的に同じウォークがさまざまな向きに何度も現れるからである．図3.3に示したように，正方格子上の経路は4方向に回転させたり，4本の鏡映軸（縦，横，2本の対角線方向）に沿って裏返したりできる．このように変換した結果は8通りの異なるウォークと考えるべきか，それとも単一のウォークの8通りの変形と考えるべきか．その答えは，このウォークで何がしたいかに依存する．しかし，単にウォークを数え上げたいだけであれば，8個ずつ数えられるときに1個ずつ数えるのはばかげている．4重回転対称性を排除するには，ある特定の向き，たとえば東向きのステップから始まるウォークだけを生成すればよい．最初のステップのあとに最初に曲がるのが特定の向き，たとえば北向きであるようなウォークだけを考えれば，4通りの鏡映対称性は消滅する．このようにして，数えるべきウォークの数は総数のほぼ8分の1に減る．なぜ，「ほぼ」なのか．それは，少し複雑になる要因があるからである．まっすぐなウォークは最初の向きから曲がることがなく，それゆえ裏返しても何も変わらない．その結果として，区別可能なまっすぐなウォークは8通りではなく4通りしかなく，ウォークの総数は4分の1に減る．

　ここまでは，自己交差を禁じることはUターン禁止を除いて実際に計算に影響していない．正方形の格子上で，1ステップ，2ステップ，3ステップのウォークはそれ自体にぶつかることはない．しかし，4ステップ以降ではそれ自体の足跡と交わるかもしれないので，数え上げのアルゴリズムは注意深く自己交差するすべての経路を除外しなければならない．4ステップのウォークは（回転と裏返しを除いて）14通りあることが分かるが，そのうちの一つは自己交差する．具体的には，東，北，西，南へと進んで原点に戻る正方形のウォークである．残りの13通りの4ステップのウォークから，対称性を考慮に入れると $13 \times 8 - 4 = 100$ 通りの自己回避ウォークが得られる．

　1959年に，マイケル・E. フィッシャーとM. F. サイクスは，16ステップまでの2次元正方格子のウォークをすべて列挙した．これは紙と鉛筆を使った方法による見事な功績であった．（$n = 16$ では 17,245,332 通りのウォークがある．）

　この偉業を繰り返す，あるいは越えたいのであれば，計算機を使うことを強くお勧めする．ウォークを数えるもっとも単純なプログラムは，n ステップの

非逆進ウォークを（回転と裏返しを除いて）すべて生成し，そこから自己交差するウォークを除く．このプログラムはどのようにして自己交差を検出するのか．自分自身の足跡を避けるためには，どこを通ったかをどうにかして覚えておかなければならない．その一つのやり方は，ウォークのそれぞれのステップにおいて，たった今到達した格子点の座標を x と y の対のリストに加えることである．このとき，このリストに重複する対がなければ自己回避ウォークである．別のアプローチとして，n ステップで到達可能な格子点の領域を表現する2次元配列を用意することもできる．新たな格子点に到達すると，この配列の対応する位置に印（これをパンくずと呼ぶ）をつける．すると，どんな自己交差もすぐさま分かるだろう．パンくずを残そうしたときに，すでにそこにパンくずがあるからである．このパンくず方式のほうが高速である．なぜなら，ウォークのそれぞれのステップにおいて，衝突があるかどうかは新たな格子点の座標を添字とする配列要素一つだけ調べればよいからである．

　$2n$ ステップの任意の自己回避ウォークは二つの n ステップのウォークを連結したものと見られるという考察から，また別種のアルゴリズムが生まれる．それぞれが10ステップのウォーク 44,100 通りすべて生成し格納したと仮定しよう．すると，このウォークを二つ組み合わせて，一方のウォーク（これをAと呼ぶ）はもとの配置のままにして，もう一方のウォーク（B）をBの出発点がAの終点に一致するように平行移動させる．それぞれのBは，3通りの向きそれぞれについて試さなければならない．この方策の利点は，AとBはそれ自体の範囲では自己回避していることがすでに分かっているので，AとBの間で衝突があるかを調べるだけでよいことだ．この手順はそれでもかなり根気がいる．二つの10ステップのウォークを連結すると，$3 \times 44{,}100^2$ 通り，すなわちほぼ60億通りの組み合わせを確かめなければならない．自己交差ウォークを取り除くと，897,697,164 通りの20ステップの自己回避ウォークが残る．2倍にしてウォークを作り上げるこの方法は，単量体を対にして二量体を作る高分子化学の処理にちなんで二量化と呼ばれる．

　このようなアルゴリズムを使うと，すべての10ステップや20ステップの自己回避ウォークを簡単に数えることができる．根気と熟練と速い計算機があれば，30ステップの自己回避ウォークすべてもおそらく生成できるだろう．（30

ステップの自己回避ウォークは 16,741,957,935,348 通りある.）しかし，もっと先に進むためには，さらに洗練された道具が必要になる.

高度な算術

過去 50 年間にわたって，自己回避ウォークを数えるめざましい成果のほとんどは，オーストラリアのメルボルン大学のグループとほかの地域の共同研究者の協力によってなされたものである．そのグループのメンバーには，アンソニー・J. グートマン，A. R. コンウェイ，イアン・G. エンティン，イワン・ジェンセンらが含まれる．1987 年に，このグートマンのグループは $n = 27$ に到達し，その直後にその値を 29 にまで上げた．他の研究者が 30 ステップおよび 34 ステップの結果を報告すると，グートマンのグループは 39 ステップにまで伸ばした．1996 年に，コンウェイとグートマンは $n = 51$ までの自己回避ウォークをすべて列挙した．51 ステップの自己回避ウォークは 14,059,415,980,606,050,644,844 通りある.

1998 年に，このテーマで最初に記事を書いたとき，私は「自己回避ウォークの網羅的列挙は現在の上限である $n = 51$ を超えてあまり進展しそうにはない」と述べた．私の悲観論には何の根拠もなかった．その 6 年後にジェンセンは $n = 71$ までのすべての自己回避ウォークの数え上げを完成させた．その後，ジェンセンはそれを $n = 79$ にまで引き上げた．79 ステップの自己回避ウォークは，驚くなかれ 10,194,710,293,557,466,193,787,900,071,923,676 通り，すなわち約 10^{34} 通りある．（図 3.4 を参照のこと.）

近年，このような途方もない大きさの列挙には，スーパーコンピューターの部類に入る計算機か，数百，数千のプロセッサと何ギガバイトものメモリーをもつワークステーションのクラスタが使われる．それでも，このような偉業において重要な鍵となるのは豪勢なハードウェアではない．アルゴリズムの創意工夫が，はるかに大きく貢献しているのである.

ウォークを列挙するもっとも直接的で分かりやすい方法は，その作業を階層的に構成することである．これまでは，とりうるすべての 1 ステップのウォークから始めて，それらのウォークを 2 ステップに延長するすべての場合を考え

るというように続けた．記録を樹立した数え上げの背後にあるアルゴリズム
は，その処理をこれとは異なるやり方で分解する．そのアルゴリズムは有限の
格子の領域を分析する．正方格子の場合にはその領域は常に長方形である．そ
して，その領域それぞれに埋め込むことのできるウォークが何通りあるかを集
計する．与えられた長さのウォークを含みうるすべての領域からの寄与をまと
めると総合計が得られる．

　有限格子の一連のアルゴリズムは，1980年代に当時ノースイースタン大学
にいたエンティンによって考案された．当初，このアルゴリズムは自己回避多

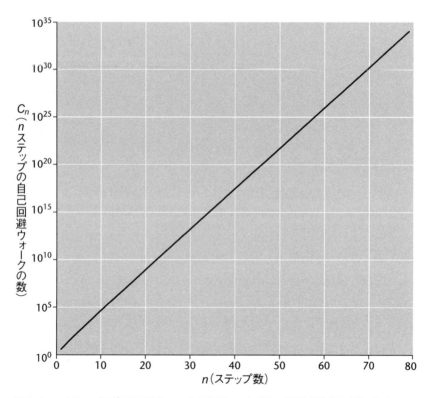

図3.4：nステップの自己回避ウォークの数は，nに対して指数関数的に増加する．1ス
テップの自己回避ウォークは4通りだけだが，79ステップの自己回避ウォークは10^{34}通
り以上ある．このグラフの縦軸は対数目盛りであり，指数曲線が直線として表示される．

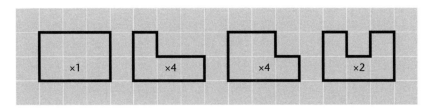

図 3.5：2 × 3 の長方形の中に収まり，その長方形の 4 辺すべてに接するような 4 種類の自己回避多角形．回転と裏返しを許すと，このような多角形は全部で 11 通りある．左の三つは，周長 10 の自己回避多角形として数えられる．右端の一つの周長は 12 である．

角形に適用された．自己回避多角形は，原点に戻ってきて閉路を形作る自己回避ウォークである．このアルゴリズムの一つでは，自己回避多角形はそれを囲む長方形の 4 辺すべてに接することが要求された．そうすると，数えようとしている多角形のステップ数 n よりも大きい周長をもつ長方形を考える必要はなくなる．

　小さな長方形では，その 4 辺に接する自己回避多角形は簡単に数えられる．図 3.5 は，2 × 3 の箱を満たす 4 種類の多角形を示している．回転や裏返しを含めると，このような閉路は 11 通りある．もっと大きな長方形では，規則に合った道を列挙するための系統的な方法が必要になる．エンティンはそのような方法を，多角形を構成している間は常に守らなければならないある種の制約に基づいて考案した．まずすべての格子点には，0 本かまたはちょうど 2 本の辺に触れていなければならない．これは完全に局所的な条件である．すなわち，この規則を満たしているかどうかは一つの格子点とそれに直接隣接する格子点を調べれば分かる．2 番目の要請は，すべての辺をつなぎ合わせると交差しない単一の閉路を形作るということである．これは大域的な制約であるが，局所的な辺の配置が大域的な道のつながり方についての有益な情報を伝えていることが分かる．

　有限格子アルゴリズムでは，境界線が移動して格子を左から右に走査し，その左側にある経路の完成部分と右側にある未定義部分を分離する．途中のどの段階においても，有効な多角形を完成させるように局所的および大域的制約が

選択肢を制限する．（図3.6を参照のこと．）延長する際にはすべての格子点に
0本または2本の辺が接するという局所的要請を満たさなければならず，完成
した経路は単一の閉路になっていなければならない．ありえない配置を除外す
ることによって，このアルゴリズムは最終的な多角形の数に寄与しないような
延長に時間を費やさないようにする．

　多角形に対するエンティンのアルゴリズムは，1990年代にコンウェイ，エ
ンティン，グートマンによって終端が閉じていない自己回避ウォークに拡張
された．ウォークの場合は，二つの理由によって多角形よりも難しい．まず，
ウォークは多角形よりも広がるので，アルゴリズムは大きな長方形まで調べな

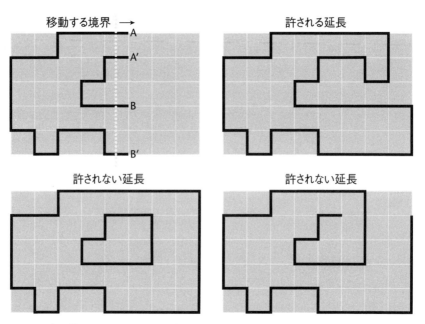

図 3.6：有限格子アルゴリズムは，経路を成長させる際の局所的および大域的制約を強
制することによって自己回避多角形を構築する．左上の図では，移動する境界（点線）
が部分的に完成した経路を残りの何も描かれていない部分と隔てている．A, A′, B, B′
と名づけられた4つの未完成の区間を延長することで道は切れ目なくつながる．A が A′
とつながり，B が B′ とつながるような延長のときだけ，有効な自己回避多角形になる．

ければならない．そして，すべての格子点では0本または2本の辺が出会わなければならないという単純な規則はもはや使えない．ウォークの端点となる2個の特別な格子点ではそれに接する辺は一つだけなので，制約を強制するのに必要な台帳管理が複雑になる．

有限格子族のアルゴリズムは，その著者らによれば大量のメモリーを消費し正しく実装するのは難しい．（私は自分で実装しようとしていない．）しかし，大きな効率上の見返りがある．直接列挙に基づくプログラムでは，実行時間が 2.638^n に比例して指数関数的に増加する．有限格子法でも指数関数的に増加するが，その増加率はかなり低く，演算数は $3^{n/4}$，すなわち約 1.334^n に比例して増加する．$n = 79$ での違いは 10^{34} と 10^{10} になる．

さらなる深みへ

なぜ自己回避ウォークを数えることにこれほどまでに多大な努力を注ぐのか．それは，ばかばかしいほど大きな数を計算するという何の役にも立たない満足のためだけではない．正確な列挙は，大規模な自己回避ウォークの振る舞いを理解すること，すなわち，同じ点を二度は訪れないようにのたうつ道を空間中に配置する方法を数学的に記述し簡潔に表現できることに大きな希望を与える．

n ステップの自己回避ウォークの数に対する正確な公式はないと述べたが，n が無限大になる極限において一致すると考えられる公式はある．この漸近的公式は次のような形をしている．

$$C_n = A\mu^n n^g$$

ここで，C_n は n ステップの自己回避ウォークの数である．係数 A と指数 g は，同じ空間次元におけるすべての格子の形状に対して同じなので普遍定数と呼ばれる．言い換えると，平面上の正方格子，三角格子，六角格子など任意の格子で同じ値になるが，3次元の格子では異なる値になる．数 μ は自己回避ウォークの連結定数，あるいは単に増加定数とよばれ，その値は格子の形状の詳細に大きく依存する．2次元においても，μ は正方格子ではある値をとり，三角格

子では別の値をとる.

　平面では，普遍指数 g は有理数 $11/32$ に一致すると信じられている．このことは証明されていないが，豊富な物証ともっともらしく思える理論的根拠に支持されている．係数 A にはそのような正確な値はなく，自己回避ウォークの平均平方変位のような幾何学的性質を測定することから決まるものでなければならない．A の推定値は約 1.77 である.

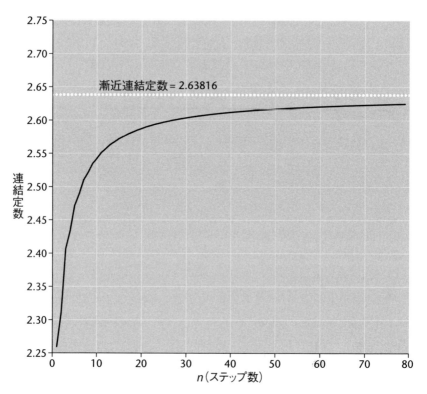

図 3.7：正方格子の自己回避ウォークの連結定数 μ はそれぞれの格子点で利用可能な選択肢の数の平均を表す．そして，ステップ数 n の増加に従って自己回避ウォークの数が増大する比率を決める．79 ステップまでのウォークの列挙に基づく μ の推定値（実線）は，非常に大きな n に対して成り立つと予想される漸近値 2.63816（点線）にゆっくりと近づく.

　自己回避ウォークの数に支配的に寄与するのは，指数因子 μ^n である．任意の十分に大きい n の値に対して，μ^n はべき乗則因子 n^g を越える．連結定数 μ は自己回避ウォークの利用可能な選択肢の数，すなわち，自己回避の条件を破ることなくウォークを延長できるやり方の数の平均を表す．正方格子の場合には，その数はすでに登場している．すでに述べたように，正方格子で μ は 2 と 3 の間のどこかになければならないという単純な根拠があり，実験によって分かっているその値は約 2.638 である．何を隠そう，このように自己回避ウォークの列挙を大規模に実行する主な理由は，μ のもっと正確な推定値につながるデータを集めるためである．（図 3.7 を参照のこと．）

　前述の C_n の公式は，μ を計算する簡単な方法を与えるように思われる．値の分かっている任意の C_n をもってきて，もっともよい A と g の推定値を代入して，μ を求めるためにこの等式を逆向きに解く．無限の近傍に近づいていくようないくつかの本当に大きな値の n に対して C_n が分かっていれば，この手続きはうまくいくだろう．しかし，79 がとくに無限に近いというわけでもなく，μ の値を推定するもっと精密な統計的手法が必要になる．μ の推定値が n の関数としてどのように変わるかを注意深く調べると，有効数字 12 桁まで正確な値が得られる．

　自己回避ウォークの研究の初期において，正方格子に対する μ は何らかの特別なよく知られた値になるのではないかという意見があった．ある論文の著者は，それが $1 + \sqrt{2}$，すなわち，約 2.414 になるとほのめかした．別の研究者は，μ が自然対数の底 e に等しく，その値はおおよそ 2.718 であると述べた．自己回避ウォークの列挙に基づいてもっと注意深く測定すると，これらの値はいずれもすぐに除外される．（前者は小さすぎ，後者は大きすぎる．）

　それでも，μ が単純な式で表せるような数かもしれないというのは，それほど突拍子な考えではない．六角格子（蜂の巣のように見えるのでハニカム格子としても知られる）の場合，μ の値は正確に $\sqrt{2 + \sqrt{2}}$，すなわち約 1.848 になる．この興味深い等式は，最初にベルナール・ニーホイスが 1982 年に予想し，最終的にはユーゴー・デュメニル-コパンとスタニスラフ・スミルノフが 2012 年に証明した．

　六角格子の連結定数 $\sqrt{2 + \sqrt{2}}$ は有理数ではないが代数的数である．すなわ

ち，整係数多項式の方程式（具体的には $t^4 - 4t^2 + 2 = 0$）に対する解である．この結果に触発されて，グートマンは正方格子の場合の連結定数として観測された値に一致するような代数的数を探し始めた．1980年代に，グートマンは正方格子に対する μ が多項式 $13t^4 - 7t^2 - 581$ の根になると予想した．この時点で，μ は有効数字6桁まで知られていて，その値は 2.63816 であった．グートマンの多項式の根は有効数字20桁が 2.6381585303417408684 であり，μ と一致していた．

　2016年に，グートマンと二人の共同研究者は次のように書いた．

　　　ここ何年か，実際には何十年かにわたり，μ の推定値がどんどん正確になるに従って，この多項式の根は現在の最良の推定値と一致し続けている．たとえば，2001年に，グートマンとコンウェイは [...] 現在の最良の推定値として $\mu = 2.638158534(4)$ を示した [...]．その11年後，クリスビーとジェンセンは [...]$\mu = 2.63815853035(2)$ と推定した．こうして，当初は μ の6桁の推定値に基づいた4次式は12桁に対して成り立つことが分かる．

　しかしながら，30年間君臨したのち，グートマンの予想はついに打ち倒された．最新の μ の推定値は 2.63815853032790(3) であり，これは12桁目が予想された値と異なる．どうやら，まったくの偶然にすぎなかったのだ．

無作為な自己回避

　自己回避ウォークの網羅的列挙が限界に達したという無謀な主張を繰り返すつもりはない．新たな計算テクノロジーやアルゴリズムの新機軸によって $n = 79$ をはるか上へと押し上げるかもしれない．しかしながら，それが起こるまでは，もっと長い自己回避ウォークを調べるのにもっとも期待できるのは無作為抽出である．n ステップの自己回避ウォークをすべて生成するという目標は諦めて，その典型的な部分集合を調べるということだ．この処理でさえも，計算負荷が高い．

　無作為標本を選ぶ際，n ステップのすべての可能な自己回避ウォークの含ま

れる確率が等確率になることが重要である．これは一筋縄ではいかない．n ス
テップの自己回避ウォークは，1 ステップずつ無作為に向きを選ぶことによっ
て作り上げられるが，n ステップに達する前にウォークがそれ自体とぶつかっ
たらどうするか．単純に 1 ステップ戻って別の向きを試してみたい誘惑にから
れるが，そのようにすると偏った標本になってしまう．偏りのない標本である
ことを保証するには，失敗したウォーク全体を捨てて最初からやり直さなけれ
ばならない．

　この廃棄の手順に基づくアルゴリズムは，60 ステップまたは 70 ステップの
自己回避ウォークの多くの標本や，それよりも少ないが 100 ステップの自己
回避ウォークの標本も簡単に作り出せる．しかしながら，自己回避ウォーク
が長くなるに従って，自己回避判定に合格する候補の比率は急激に減少する．
$n = 100$ では，自己回避していると分かる一つのウォークに対して，平均で
50,000 ウォーク以上を調べる必要がある．$n = 200$ では，条件を満たすウォー
クは 10 億に一つよりもまれである．

　ほかのアルゴリズムによって，探査の範囲は何千ステップにまで拡大され
る．1969 年に，ワイツマン科学研究所のジーブ・アレクサンドロヴィッチは，
正確な列挙の文脈ですでに述べた二量化の手法を提示した．100 ステップの自
己回避ウォークを一つ作るよりも 50 ステップの自己回避ウォークを二つ作る
ほうがはるかに簡単なので，二量化はうまくいく．短い自己回避ウォークを
二つ作って，それらの端点どうしをつなぐのである．もちろん，その二つの半
ウォークはぶつかるかもしれない．その場合には，最初からやり直さなければ
ならないが，このような失敗は 1 ステップずつ延長していく手法に比べてかな
り起こりにくい．この手順は，50 ステップの自己回避ウォークは 25 ステップ
の構成部品から作るというように再帰的に呼び出すことができる．二量化ア
ルゴリズムのとくに魅力的な点は，非常に単純で見通しのよい実装に向いて
いるということだ．これは，あまり効率的でない 1 ステップずつ延長する手法
よりも理解するのが簡単であった．図 3.1 に示した 1,000 ステップの自己回避
ウォークは，二量化によって生成された．

　ピボット・アルゴリズムと呼ばれる別の技法もまた 1969 年にまで遡る．こ
れは，最初にユニリーバ研究所のモティ・ラルが記述し，のちにヨーク大学の

ニール・マドラスとニューヨーク大学のアラン・D. ソーカルによって精緻化および拡張された． ピボット・アルゴリズムは，これまでに説明したほかのアルゴリズムのいずれともかなり異なる．実際には自己回避ウォークを生成するのではなく，ウォークを一つもってきてそれを別のウォークに変換するのである．そのアイディアは，ウォークに沿ったどこかに旋回点を無作為に選び，その旋回点の片側にある区間を回転または裏返しまたは逆向きにするというものだ．その結果が自己回避ウォークならば，その新しいウォークを出発点として次の旋回点を選ぶ処理を行う．そうでなければ，もとのウォークを使って新たな旋回点を選ぶ．この系列中の隣り合うウォークはかなり似通っているが，この変換を何度も繰り返すと以前の配置の面影は消え失せてしまう．

　無作為抽出から n ステップの自己回避ウォークの数を推定できる．廃棄率が，その計算を実行する一つの方法を与える．多数の n ステップのランダムウォークを生成して，100万につき一つが自己回避ウォークであることが分かれば，ランダムウォークの総数（4^n）を100万で割って自己回避部分集合の大きさを見積もることができる．原理的には，野性生物の研究では一般的な標識再捕獲法を試してみることもできる．生物学者は100匹の魚を捕まえ，それらにタグをつけて池に戻す．そして，もう一度100匹を捕まえて，そのうちの10匹は1回目のタグがつけられた魚であると分かれば，魚の総数は1,000匹であると結論づけられる．同じやり方が自己回避ウォークにも適用できるが，長い自己回避ウォークはまれなので，この手法が実用的かどうかは疑わしい．

　無作為抽出によって作られた自己回避ウォークが長ければ長いほど，もっと正確な連結定数 μ の値を計算するのにいつの日か役立つだろう．長い自己回避ウォークによって，n が無限に近づくに従って自己回避ウォークの数の公式が正確になっていく漸近的領域へと近づくことになる．しかし，無作為抽出は標本の大きさが有限であることに起因して，統計的不確実性をも持ち込む．今までのところ，このような不確実性はかなり大きいので，たとえかなり短いウォークであってもまだ完全な列挙のほうがよい結果が得られる．

厳密な公式

　自己回避ウォークの計算量的な研究から，実験に基づく多くの成果が得られた．定理はそう簡単には手に入らない．たとえば，完全な列挙や無作為抽出に基づく両端の平均平方変位の研究は，その変位が $n^{3/2}$ に比例して増大するという仮説を強く支持する．この結果がたしかに正しく正確であることは，皆が「知って」いる．しかし，これまでに誰も証明できていない．この指数が1と2の間になければならないことさえ誰も証明できていないのだ．

　自己回避ウォークの数え上げに関する正確な結果も数少ない．自己回避ウォークの数の漸近的公式 $A\mu^n n^g$ は，n が無限に近づくに従って何が起こるかをうまく説明しているように思われる．そして，さまざまな補正項を付加することによって，有限の n に対しても使えるようにもできる．それでも，基本的な原理によって n が増加する規則を説明できていないし，μ の正確な値は謎のままである．何年もの間，n が大きくなるに従って自己回避ウォークの数が常に増加することさえ確実ではなかった．ウォークは身動きがとれなくなることがあるので，n ステップのウォークよりも $(n+1)$ ステップのウォークのほうが少なくなるような値の範囲があるかもしれない．しかしながら，1990年にジョージ・L. オブライエンはこの数列が単調増加することを証明した．

　たとえ漸近的な増加規則が正しいとしても，それは近似にすぎない．それは，化学者や物理学者にとってはそれで十分だろうが，数学者を完全に満足させはしない．理想的には，任意の n の値に対する自己回避ウォークの正確な数を，苦労してすべて数えることなく計算する公式が欲しい．それは無理な注文だろうか．おそらくそうだろう．コンウェイとグートマンは，単純な解析的関数が自己回避ウォークの正確な数を言い当てることはないという説得力のある（しかし証明とはいえない）根拠を示した．

　おそらく，そのような関数は存在しないことが，自己回避ウォークの本質に関する重要な何かを伝えているのだろう．n ステップの自己回避ウォークの数は，完全に定まっていて知ることができる．格子上に自己交差しない道を配置する場合の数について無作為性や不確実性はない．それでは，なぜそれを計算できないのか．その答えは分からないが，数学には同じように奇妙に入り混

じった決定性と予測不可能性を示す対象が数多くあることを指摘しておきたい．その最たる例は素数である．この場合も，どのように素数が作られるかについて不確かなことや統計的なことは何もない．しかし，素数の分布において何らかの規則性があるとしたら，それはまったく謎に包まれたままである．自己回避ウォークと同じように，ある範囲に含まれる素数の個数に対するよい近似はあるが，すべての素数を確実に列挙する厳密な公式は見つかっていない．この完全な解析に対する断固とした抵抗が，素数を興味深いものにしている一因である．おそらく，自己回避ウォークは，同じように絶えず興味をかきたてる数学的構造の範疇に属しているのだろう．

第4章
リーマニウムのスペクトル

時は 1972 年. 場面は, ニュージャージー州にあるプリンストン高等研究所のフルド・ホールでの午後のお茶会. カメラがグルッと談話室にパンすると, ツイードとコーデュロイを身にまとった何人かの研究所員を通り過ぎて, 頬髭をたくわえた快活な中西部育ちの数論学者ヒュー・モンゴメリーに寄る. モンゴメリーは, 粋な英国の物理学者フリーマン・ダイソンに紹介されたところである.

ダイソン「どうだね, モンゴメリー. 元気にしているかね?」

モンゴメリー「ええと, このところリーマン・ゼータ関数の零点の分布を調べています」

ダイソン「ほう? それで?」

モンゴメリー「それにはこんな 2 点相関があるようなのです」(と近くの黒板に向かって次のように書く.)

$$1 - \left(\frac{\sin(\pi x)}{\pi x}\right)^2$$

ダイソン「なんてことだ! 分かるか, これはランダムなエルミート行列の固有値に対する対相関関数だぞ. そして, 重原子核, そうだな…, ウラン 238 のエネルギー準位のモデルでもある」

私がこの逸話を映画のシーンとして表現したのは, いつの日かこれを大きなスクリーンで見てみたいからである. それだけでなく, 脚本だと少しばかり芝居がかった脚色も許される. この映画が最寄りのシネコンで上映されるときに

は，さらに台本校正者がこの事実を勝手に変更しているだろう．たとえば，原子核のエネルギー準位の等式は，原爆の極秘公式になっているだろう．

　ハリウッド流の誇張がなかったとしても，モンゴメリーとダイソンの遭遇はまがいもなく劇的な瞬間であった．彼らの会話は，かけ離れていると思われていた数学と物理学の領域の間の疑いようもない結びつきを白日の下に晒した．なぜ一つの等式によって原子核の構造と数論の中核となる数学的な系列の両方が記述されるのか．そして，ランダム行列はこれらの領域双方とどんなつながりがあるというのか．フルド・ホールでの邂逅から何年かの間に，ほかの思わぬところにもランダム行列が登場し，この話はさらに厚みを増した．それは，トランプのソリティア，劇的に挙動の変わるビリヤード台，そしてメキシコのクエルナバカでのバスの到着時間にまで及ぶ．これはすべて全宇宙的な偶然にすぎないのか，それともこれらの舞台裏で何かが起こっているのか．

インターステイティウムのスペクトル

　あるものが空間や時間やそのほかの次元に従ってどのように分布するかは，すべての科学に登場する問いである．生物学者は染色体における遺伝子の配列を研究する．地震学者は地震の時間的なパターンを記録する．数学者は整数の

図**4.1**（見開きページ）：仮想的な化学元素によって生成された1次元の分布は，原子のスペクトルに似ている．最初の三つのスペクトルは単純な数学的構成によるもので，等間隔の線分の並び（ピリオディウム），無作為な系列（アレアトリウム），そしてわずかに無作為な揺らぎによってそれぞれの準位に摂動を与えた周期的並び（ジグリウム）である．次の三つはすべて似たような見かけになっているように思われる．それらは実在する化学元素の原子核エネルギースペクトル（エルビウム），300 × 300 ランダム対称行列の中央の100個の固有値（エイゲンヴァリウム），そしてリーマン・ゼータ関数のある零点の高さ（リーマニウム）である．残りの系列はさまざまなところからかき集めた．103,613 から始まる100個の連続する素数（プライミウム），州間高速道路85号沿いの100箇所の高架とガード下の位置（インターステイティウム），鉄道の側線にある枕木の位置（アムトラキウム），ワシントンのセントヘレンズ山のモミの木の年輪（デンドロクロノミウム），カリフォルニアの地震100回の日付（セイスミウム）である．

ピリオディウム

アレアトリウム

ジグリウム

エルビウム

エイゲンヴァリウム

リーマニウム

プライミウム

インターステイティウム

アムトラキウム

デンドロクロノミウム

セイスミウム

中の素数の散らばり方に没頭する．このような分布の標準的な例は原子のスペクトルである．原子のスペクトルは，原子の中のエネルギー準位の間の遷移を表す鮮やかに色付けされた一連の線である．すべての化学元素はそれ自体を特徴づけるスペクトルをもつ．**スペクトル**という用語は，ほかの離散的な1次元分布でも同じように一般的に使われる．したがって，ヒュー・モンゴメリーがリーマン・ゼータ関数の零点の分布を調べていたとき，彼はリーマニウムと呼ばれる架空の元素のスペクトルに注目していたといってもよいだろう．

このようなスペクトルのいくつかの実例を図4.1に示す．それらの中には数学的に定義されたものや測定から得られたものもある．これらの実例は，すべて割り当てられた幅にちょうど100準位が収まるように拡大縮小してある．そうすると，すべての場合において準位間の平均距離は同じになるが，それにもかかわらずパターンは多岐にわたる．たとえば，地震系列（セイスミウムのスペクトル）はきわめて密集していて，ある地球物理学的なメカニズムをたしかに反映している．年輪データ（デンドロクロノミウム）に観測される低頻度の変動には，生物学的および気候学的原因があるのかもしれない．そして，長く伸びる州間高速道路を走るときに記録される橋梁の位置（インターステイティウム）をどのように解釈するかは想像におまかせする．

すべての分布のなかでもっとも単純なのは周期的な分布である．囲い柵か時計が単調に時を刻むのを想像してみよう．この系列のすべての要素の間隔は，厳密に同じである．このように繰り返す規則性とあきらかな対極にあるのは完全にランダムな系列である．このような秩序と無秩序の両極端の間には，周期的な準位のそれぞれが不規則に少しだけずれる揺らぎのある囲い柵などのように，さまざまな中間段階の可能性がある．

人間の目は，このようなパターンの風合いが異なるのをすばやく検知する．しかし，数学を少し使うと，この違いをもっと明確にすることができる．系列における個々の要素の位置を予測できる見込みはあまりない．そこで狙うのは，特定のパターンではなく典型的なパターンの記述によって統計的に理解することである．役に立つ二つの統計的尺度として，最近接間隔と2点相関関数がある．（図4.2を参照のこと．）

最近接間隔を計算するには，それぞれの準位から次の準位までの距離を計

り，それらの値を適切な幅の区間，すなわち瓶に分類し，それぞれの瓶に含まれる値の個数である頻度の柱状グラフを描く．これを周期的分布に適用しても，そのグラフは大したものには見えない．すべての間隔が等しいので，それらはすべて単一の瓶に含まれる．無作為分布の最近接スペクトルはもっと興味深い．最小の間隔がもっとも一般的であり，間隔が大きくなるに従ってその頻度は指数関数的に減少する．揺らぎのある周期的パターンは，もとの周期間隔を中心とする釣鐘形の曲線になる．

　モンゴメリーとダイソンが言及した対相関関数は，最近接間隔の柱状グラフと同じ情報の一部を捉えるが，計算の方法は異なる．それぞれの間隔 x に対して，この相関関数は x だけ離れた水準が何対あるかを数えるが，それらの水準が最近接かどうかは問わない．無作為な分布においては，すべての間隔は同程度にあるので，対相関関数は横ばい状態になる．分布が規則正しくなるに従って，対相関関数はでこぼこや波打ちが大きくなる．周期的な分布に対しては，その対相関関数は鋭く突出した一連の値になる．

エルビウムとエイゲンヴァリウム

　図4.1に示したスペクトルの見本にあげた中には，コロンビア大学のH. I. リオーとジェームズ・ラインウォーターとその同僚らが見事な手際で測定した原子核のエネルギー準位100個の並びがある．それは希土類元素エルビウム166の原子核である．一見すると，そのスペクトルには明らかなパターンや規則性を見て取れない．それにもかかわらず，その見かけは純粋に無作為な分布

図**4.2**（見開きページ）：最近接間隔と対相関関数はスペクトルの統計量を要約する．周期的な系列に対しては，最近接曲線のゼロでない点は一つだけである．ランダムな系列に対しては，最近接曲線は指数則に従う．揺らぎのある系列では，正規分布のようなグラフになる．対相関関数は，与えられた距離だけ離れた準位の数を測る．周期的な系列に対しては，対相関関数は最近接間隔のそれぞれの倍数に突出した点がある．ランダムな系列に対しては，対相関関数は（ランダムな雑音は別として）横ばい状態になる．揺らぎのある系列では，一連のこぶになる．

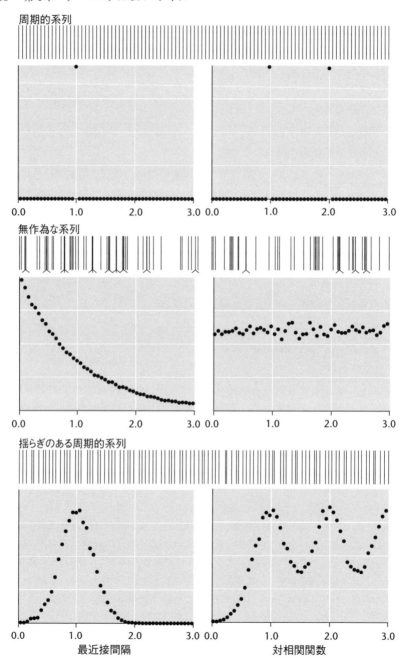

周期的系列

無作為な系列

揺らぎのある周期的系列

最近接間隔　　　　　　　　　対相関関数

のスペクトルとはまったく異なる．とくに，エルビウムのスペクトルには密集した準位が無作為な分布よりも少ない．これは，あたかも原子核のエネルギー準位には互いを近づけないようなバネが備わっているかのようである．この準位反発の現象は，すべての重原子核の特徴である．

どのような種類の数学的構造がこのようなスペクトルを作り出すのか．ここでランダム行列の固有値が登場する．ランダム行列の固有値は，1950年代に物理学者ユージン・P．ウィグナーによってこの目的のために提案された．偶然にも，ウィグナーもまたプリンストンの研究員であり，それゆえ冒頭の映画に出演させることができる．ウィグナーは，この話を理解しようと悪戦苦闘している不運な記者に説明する親切な教授ということにしよう．彼らの会話は次のようだったかもしれない．

ウィグナー「それで，ランダムなエルミート行列の固有値について教わりたいと？」

記者「助けていただけないでしょうか．これらの言葉はどれもまったく理解できないのです」

ウィグナー「心配は無用．友人のフォン・ノイマンがよく言っていたように，数学では何も理解しなくてよい，ただそれを使えばよいのだ．初心者が知っておく必要があるのは，行列は行と列に配置された数の表ということだけだ．これから正方行列について話をするだけなので，行数と列数は同じになる．いいかね」

記者「そこまでは大丈夫です」

ウィグナー「次はランダムの説明だ．私が言えるのは，ある数を選ぶということだけだ．サイコロを振る，ルーレットを回す，電話帳を開く．その数がどこからきたかは重要ではない」

記者「『エルミート』は何ですか？」

ウィグナー「よろしい．それでは，一歩前に戻ろう．まずもう少し簡単な実対称行列を作り上げる．この行列の主対角線は左上の隅から右下の隅へと並ぶ成分で，一種の鏡のように振る舞う．したがって，この主対角線よりも右上にあるすべての成分は，鏡に映されて左下にある成分になる．いくつかの数，それは11, 14.16, πのような普段使っている実数であれば何でもよいが，それら

でこの右上の三角形を埋める．そして，左下の三角形の鏡像になる位置に同じ数をコピーする」

　記者「しかし，それではその行列はもはやランダムではないのでは？」

　ウィグナー「ああ，これはすぐに慣れる．いずれにしろ，これで実対称行列が手に入った．エルミート行列は，これのちょっとした変種にすぎない．実数の代わりに複素数を使うんだ．複素数は知ってるね？」

　記者「たぶん．実部と虚部ですね？」

　ウィグナー「まさしくその通り．複素数は $a + bi$ という形の数だ．ここで i はマイナス 1 の平方根だ．そうすると行列の上半分の三角形に複素数を並べたら，もう一ひねりする．その複素数を下半分の三角形にただコピーするのではなく，それぞれの数の複素共役を並べるんだ．上の三角形に $a + bi$ があれば，下の三角形は $a - bi$ とし，またその逆もしかりだ．何か質問はあるかね？」

　記者「なぜそれをエルミート行列を呼ぶんですか？」

　ウィグナー「フランスの数学者エルミートにちなんで名づけられた」

　記者「では，固有値は？　それはどこからきたんですか？」

　ウィグナー「ああ，固有値の計算は簡単だよ．正方行列 M があったら，MATLAB を起動して eig(M) と入力するだけだ」

　この時点で，映画監督の私は立ち上がって「カット！」と怒鳴る．固有値の計算に対するウィグナーの的を射た助言は筋が通っているが，時代錯誤が甚だしい．1972 年に MATLAB はなかった．さらに，ここで必要なのは固有値を計算する手順ではなく，固有値が何であるかという手がかりである．

　すべての $n \times n$ 行列には，係数がその行列の成分から定まるような n 次多項式が対応する．固有値はこの多項式の根であり，全部で n 個ある．行列の成分が実数であっても，一般に固有値は複素数である．しかしながら，ここで対称性が利いてくる．実対称行列では，固有値はすべて実数である．（図 4.3 を参照のこと．）さらに驚くべきことに，エルミート行列についてもこれが成り立つ．たとえエルミート行列の成分が複素数であったとしても，その固有値は実数になるのである．固有値が実数なので，それらを小さいものから大きいものへと一直線に並べることができる．このように配置すると，重原子核のエネルギー・スペクトルととてもよく似ている．もちろんランダム行列の固有値は，

エネルギー準位としては特定のどんな原子核のスペクトルとも一致しないが，統計学的にはそっくりでとくに準位反発を示している．無作為な分布のスペクトルに比べて，準位の密集はごくわずかである．

　原子核物理学におけるランダム行列予想を最初に耳にしたとき，もっとも驚

−0.0686	0.3109	−0.3535	−0.1896	−0.2760	−1.1741
0.3109	−0.3934	−0.0913	−0.7215	−0.1127	0.1722
−0.3535	−0.0913	1.1197	1.0075	−0.4051	−0.6815
−0.1896	−0.7215	1.0075	0.6768	−0.6676	0.3700
−0.2760	−0.1127	−0.4051	−0.6676	0.4609	0.1283
−1.1741	0.1722	−0.6815	0.3700	0.1283	−1.9240

特性多項式：
$x^6 + 0.1285x^5 - 7.4107x^4 + 1.6865x^3 + 4.9804x^2 - 1.2215x - 0.2040 = 0$

固有値：
−2.7699, −0.8340, −0.1157, 0.3840, 0.8398, 2.3673

図 **4.3**：ランダム対称行列は，無作為に選ばれた数を成分とし，一目で分かる対称性をもつ正方行列である．主対角線（左上から右下へとつながる白いマス）は鏡映軸で，右上の三角形に含まれる成分は，左下の三角形に含まれる成分と鏡に映されたようになる．マスにつけた濃淡は，この対称性を視覚的に強調している．この 6×6 行列は 6 次の特性多項式をもち，その係数はこの行列の成分から定まる．この特性多項式の 6 個の根は，この行列の固有値である．

かされたのはそれが成り立つかもしれないということではなく，それを偶然見つけた人がいたということだった．しかし，ウィグナーの発想は単なる当てずっぽうではなかった．鍵となるアイディアは，すでにヴェルナー・ハイゼンベルクによる量子力学の定式化で暗に示されていた．その定式化では，原子の内部状態は固有値が原子スペクトルのエネルギー準位であるような行列によって表現される．それぞれの原子は特定の行列と関連づけられ，その行列が正確なエネルギー準位を決める．ウィグナーが見出したのは，原子のスペクトルの統計的な性質は特定の行列成分にそれほど大きくは影響されないということだ．ある意味で，大きな対称行列であればほぼどんなものでもよい．このようにランダム行列は，何か特別な性質や尋常でない性質をもった行列ではない．それどころか，まさに典型的な行列なのである．

オイラリウムとリーマニウム

　原子核物理はもうたくさんだ．数論とリーマン・ゼータ関数はどうなったのか．

　数論におけるもっともよく知られた数列は，素数の列である．素数はそれ自体と1だけでしか割り切れない数で，2, 3, 5, 7, 11, ...と続く．この数列の全体的な傾向はよく分かっている．任意の大きな整数 x の近くでは，数が素数である割合は約 $1/\log x$ であり，このことから素数には終わりがないものの，数直線上を進むに従って素数はどんどんまばらになる．この徐々にまばらになる取れ高を重ね合わせると変動の規模は小さくなっていくので，細部まで理解することは難しい．素数の列は不規則で一貫性がないように見えるが，それでも本当の無作為分布と同じ最近接の統計量をもつことはありえない．二つの素数が互いに近づくことのできる最近接距離は（唯一の変則的な場合を除いて）2である．29と31のように間隔が最小になる素数の対は双子素数と呼ばれる．双子素数が無限にあるかどうかは誰にも分からない．

　数学者は，素数を直接調べることに加えて，リーマン・ゼータ関数（ζ関数）を使って素数の分布を理解するという間接的なアプローチをとった．リーマン・ゼータ関数は，ベルンハルト・リーマンに由来しその名を冠しているが，

最初に研究したのは18世紀のレオンハルト・オイラーであった。オイラーは，この関数を次のようなすべての自然数にわたる和として定義した．

$$\zeta(s) = \sum_{n=1}^{\infty} \frac{1}{n^s}$$

言い換えると，1から無限大までのそれぞれの整数 n をもってきて，それを s 乗したら逆数をとり，それらをすべて足し合わせるのである．s が1よりも大きいときには，この和は必ず有限になる．たとえば，$s = 2$ の場合，この和の最初の部分は次のようになる．

$$\zeta(2) = \frac{1}{1^2} + \frac{1}{2^2} + \frac{1}{3^2} + \cdots = \frac{1}{1} + \frac{1}{4} + \frac{1}{9} + \cdots$$

オイラーは，この無限個の項からなる級数が有限の値，具体的には $\pi^2/6$，すなわち約 1.645 に収束することを示した．

　オイラーは，それぞれの自然数につき一つの項からなるこの和の式が，それぞれの素数につき一つの項からなる積の式に等しいという驚くべき等式も証明した．この ζ 関数の二つ目の定義は次のようになる．

$$\zeta(s) = \prod_{p: 素数} \frac{1}{1 - \frac{1}{p^s}}$$

この場合の計算方法は，2から無限大までのそれぞれの素数 p をもってきて，それを s 乗し，さらに四則演算をしたのちにすべての p に対する項を掛け合わせる．$s = 2$ の場合を例にすると，この積の最初の部分は次のようになる．

$$\zeta(2) = \frac{4}{3} \cdot \frac{9}{8} \cdot \frac{25}{24} \cdot \frac{49}{48} \cdots$$

和の場合と同じように，この無限の積も有限の値になる．それは和の場合と同じく，たしかに $\pi^2/6$ である．このすべての自然数にわたる和とすべての素数にわたる積の結びつきが，リーマン・ゼータ関数が自然数における素数の分布について語っていることの手がかりであった．実際には，この二つの系列は密接に関係しているのである．

　1859年のリーマンによる貢献は，このゼータ関数の定義域を広げたことである．オイラーの時代には，変数は正整数の範囲をとるだけであった．のちに

パフヌティ・チェビシェフは，この関数が正整数だけでなく1より大きいすべての実数値に対してうまく振る舞うことを示した．リーマンは，$s = 1$だけを除いた（なぜなら$\zeta(1)$は無限に発散する級数$\frac{1}{1} + \frac{1}{2} + \frac{1}{3} + \frac{1}{4} + \cdots$に等しいからである）すべての複素数に対してこの関数を定義するうまい方法をみつけた．

　実数は$-\infty$から$+\infty$に伸びる数直線上にあるが，複素数は実数軸と虚数軸をもつ全平面を満たす．複素平面のほとんどのところでゼータ関数は激しく振動し，正の値から負の値へと無限回切り替わる．この$\zeta(s) = 0$となって正負の切り替わる点は，ゼータ関数の零点と呼ばれる．（図4.4を参照のこと．）この零点は負の実数軸上に無限個並ぶが，これらがそれほど大きな関心をもって見られることはない．リーマンは，それとは別に，実部が0と1の間にあるすべての数を含んだ複素平面上で縦に延びる帯状部分において実数軸の上下に無限個の零点が並ぶことに注目した．リーマンはこれらの零点の最初の3個の位置を計算し，それらがこの帯状部分の中央，すなわち実部が1/2である臨界線上にあることを見つけた．この証拠と素晴らしい直感によって，リーマンは複素数の零点がすべてこの臨界線上にあると予想した．これがリーマン予想であり，いまだに証明されておらず，すべての現代数学の中でもっとも興味をそそる目標と広く認められている．

　リーマンが最初の3個の零点の位置を特定したあとの何年かは，ほんのわずかな零点しか見つからなかった．セバスチャン・ヴェデニフスキーが設立したゼータグリッドと呼ばれる協調計算ネットワークは，数千億個の零点を調べた．2004年にはグザヴィエ・グルドンがそれを10兆個にまで伸ばした．そのすべての零点は臨界線上にある．無限に多くの零点が臨界線上にあるという証明さえあるが，欲しいのはそれ以外の場所には零点はないという証明だ．そのゴールは，まだ手の届かないところにある．

　そうしている間にも，ゼータの零点のほかの側面は詳しく調べられてきた．すべての零点が確かに臨界線上にあると仮定すると，零点は臨界線上に沿ってどのように分布するだろうか．それらの密度は，実数軸から上または下への高さTの関数としてどのように変化するのか．

　素数と同じように，ゼータの零点の個数に関する全体的な傾向は分かってい

る．その傾向は素数と逆である．素数は大きくなるほどまばらになるのに対して，ゼータの零点は高さが増大するほど混み合ってくる．（図4.5を参照のこと．）高さ T の近くでの零点の個数は $\log T$ に比例し，これはゆっくりと増加することを意味する．しかし，この場合の傾向もなめらかではなく，変動の詳

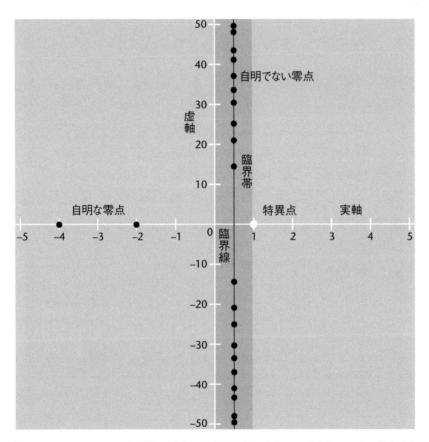

図 **4.4**：リーマン・ゼータ関数の零点は複素平面上の点として描かれる．負の実軸上には「自明な」零点があるが，数論研究者の関心を惹きつける零点は虚軸に平行な臨界帯にある．リーマン予想は，このような零点がすべてその臨界帯の中央にある実座標1/2の臨界線上にあると主張する．零点の実軸から上または下への高さの分布は，素数の分布についての情報を内在している．

細がきわめて重要である．一連のゼータの零点における隙間と密集は，それに
対応する素数の並びの特性に関する情報を内在している．

　ゼータの零点の対相関関数についてのモンゴメリーの成果は，その変動の統
計値の理解に向けた大きな一歩であった．そして，モンゴメリーの相関式がラ
ンダム行列の固有値の相関式と同じであることが明らかになったフルド・ホー
ルでの邂逅によって，さらなる関心が寄せられた．この相関関数は，あたかも
原子核の準位反発のように零点間で準位反発することを含意し，零点が密集す
るのを妨げている．

　モンゴメリーの結果は定理ではない．彼の証明は，リーマン予想が成り立
つことを前提としている．しかし，この相関関数の精密さは，理論的な予測
をゼータの零点の計算値と比較することで試してみることができる．アンド
リュー・M. オドリズコは，20年間以上にわたって，このような試験を実行す

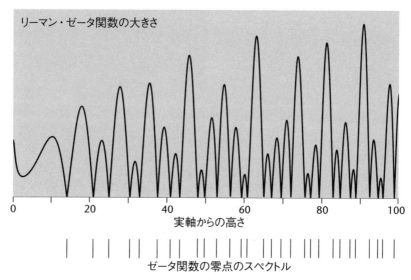

図 4.5：臨界線に沿って実軸から上に高さ 100 までのリーマン・ゼータ関数の大きさが
グラフに描かれている．この範囲にあるゼータ関数の零点は29個で，その分布を量的に
解析するには少なすぎるが，そのパターンの基本的ないくつかの特性はすでに現れてい
る．高さが増大するほど零点は密になり，準位反発の気配がある．

るために壮大な高さでゼータの零点の計算を行った．この目的のためには，零点が臨界線上にあることを確かめるだけでは十分ではない．プログラムは臨界線に沿ったそれぞれの零点の高さを正確に測らなければならない．これはかなり骨の折れる作業である．オドリズコの初期の論文の一つは「リーマン・ゼータ関数の 10^{20} 番目の零点とその近傍にある1億7500万個の零点」という題名である．その後，オドリズコはさらに大きな高さにある，さらに長く連続する一連の零点を計算し，10^{23} 番目の零点の近傍にまで達した．予測される相関と測定された相関は著しく一致し，高さが増大するに従って一致の度合いはどんどんよくなる．（図4.6を参照のこと．）

パーミュティウムとオムニバシウム

ランダム行列の熱狂は原子核物理学と数論から始まったが，そのほかの多くの分野にまで広がっている．その一例は組合せ論である．数列，たとえば1から10までの整数をもってきて，それらを無作為に並べ換えると，10, 3, 8, 4, 7,

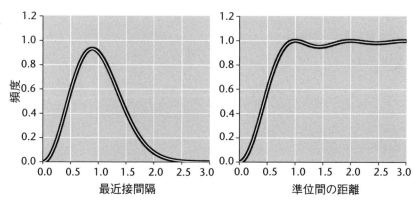

図 **4.6**：リーマン・ゼータ関数の零点の最近接間隔と対相関関数はランダム行列理論による予測ときわめて一致する．太い黒線は，10^{23} 番目の零点から10億個の零点の位置を表す．細い白線は，ランダム行列理論が予測する間隔である．双方のグラフにおいて密集する零点はまれであり，準位反発の兆候があることに注意せよ．このデータはアンドリュー・M. オドリズコから入手した．

5, 1, 6, 9, 2 のような置換が得られる．ここで，増加する値の最長部分列（連続している必要はない）を見つける．この場合には，3, 4, 5, 6, 9 である．この実験を（もっと長い数列で）何回も繰り返すと，最長部分列の長さはランダムなエルミート行列の最大固有値と同じ分布になる．置換とランダム行列の結びつきは，1999年にジンホ・バイク，パーシー・デイフト，クルト・ヨハンソンによって発見された．そのすぐあとに，デヴィッド・アルドースとパーシ・ダイアコニスは同種の分析を別の文脈に当てはめた．それは patience sorting と呼ばれるトランプの一人遊びである．この場合，最大固有値はそのゲームの最後にカードの山がいくつあるかを予測する．

　置換と patience sorting の結果は，それまでの成果の多くとは微妙に異なる．原子核のスペクトルとゼータの零点の高さは，行列の固有値の並び全体によってモデル化される．しかし，組合せ論での成果は分布の周辺部分に注目している．これは最大の固有値あるいは初めの 2, 3 個の固有値だけでモデル化される．この周辺部分の分布は，今ではクレイグ・トレーシーとハロルド・ウィドムにちなんでトレーシー-ウィドム分布と呼ばれる．これには，有機的成長のモデルやタイルを無作為に並べるときに作られるパターンなど，新たな応用が数多く見つかっている．

　量子カオスと呼ばれる領域にも，ランダム行列理論が深く影響を与えている．サッカースタジアムのような角のない形状で摩擦のないビリヤード台を想像してみよう．その表面に玉を転がして台の縁にあるクッションで跳ね返らせると，その玉は安定した軌道を転がり，同じ有限の経路を何度も繰り返し通るかもしれない．しかし，最初に転がす向きをわずかばかり調整すると混沌とした動きになり，玉の位置と速度の同じ組み合わせが繰り返すことはけっしてない．このビリヤードの機構は奇妙な種類の原子と見なすことができ，ビリヤード台の表面から離れることのない玉は原子核の周りを回る電子に似ている．量子力学ではどんな原子も，たとえそれが奇妙なものであったとしても，離散的なエネルギー準位のスペクトルをもつ．しかし，このような混沌とした動きの可能性はスペクトルの特性を変える．ウリオル・ボイーガスとマリー＝ホジャ・ジアノ二は，ランダム行列に対するウィグナー分布がビリヤードのスペクトルと一致していることを発見した．

　最後の例は，ランダム行列の難解なテーマを日常生活に少し近づける．2000年に，ミラン・クルバレックとペトル・シェバはメキシコのクエルナバカの街を通る路線沿いのさまざまなバス停でバスの到着時間を調べた．公共輸送機関についてのほかの研究では，バスはしばしば団子状態になることが示されていた．先を走るバスが乗客全員を乗せると，それによって予定時刻よりも遅れるが，そのあとを走るバスは停車回数が減ってその結果として先を走るバスに追いついてしまう．クエルナバカでは，バスは運転手が所有しており，彼らの収入は集めた料金によって決まる．それゆえ，運転手はバスの間隔を最適化するために，ほかのバスが直前に通過したならば意図的にスピードを落とすという方法を考案した．この結果は，準位反発を示すまた別のスペクトルになる．クルバレックとシェバは，この間隔がランダム行列の固有値によってモデル化されることを見つけた．これは，そののちにジンホ・バイク，アレクセイ・ボロディン，パーシー・デイフト，トーフィック・スイダンによってさらに正確に分析された．

万物の作用素

　この行列の固有値，原子核物理学，ゼータの零点，メキシコのバスが関連しているように見えるのは，すべて単なる偶然の産物なのか．そうかもしれないが，その基礎構造にこのような偶然の一致がある世界は，謎めいた因果的な結びつきのある世界よりも奇妙でさえあると考えてよいだろう．

　もっとありえそうなのは，これらの場合に見られる統計的分布は単に物事がきちんと動くときの非常に一般的なやり方であるという説明だ．これは正規分布と類似している．正規分布は事実上至る所で見つかる．なぜなら，さまざまなプロセスはいずれも正規分布になるからである．複数の無作為で独立な事象の寄与を足し合わせると，その結果はお馴染みの釣鐘形をした正規分布曲線になることが多い．おそらく，同じような何らかの原理が，固有値の分布を至る所にあるものにしているのだろう．したがって，モンゴメリーとダイソンが同じ相関関数にたどり着いたのは，それほど稀有なことではないのだろう．

　また，ゼータ関数の零点は実際にはスペクトル，すなわち，エルビウム原

子核のエネルギー準位に似た数学的元素リーマニウムによって生成されたエネルギー準位の系列を表しているという別の見方もある．このアイディアは，ダフィット・ヒルベルトとジョージ・ポリアにまで遡る．二人はともに（独立に），このゼータ関数の零点はある未知のエルミート作用素の固有値かもしれないと示唆した．作用素は，関数に用いる関数であり，一見すると行列とはかなり異なるような数学的概念である．しかし，作用素にも固有値があり，エルミート作用素はエルミート行列の場合と同じようにすべての固有値が実数になるという対称性をもつ．

ヒルベルト-ポリアの主張が正しければ，ランダム行列の手法は，原子核物理学において成り立つのと本質的に同じ理由によって数論においても成功を収める．なぜなら，大きな行列（すなわち作用素）の詳細な構造はその大域的な対称性に比べてあまり重要ではないので，適切な対称性をもつ典型的な行列であればいずれも統計的に似たような結果になるからである．これらの近似の背後にはある一意なエルミート作用素が控えていて，それがすべてのリーマン・ゼータ関数の零点の正確な位置を決め，その結果として素数の分布が定まるのだ．

このような普遍的な作用素が本当はどこかにあって，発見されるのを待っているのだろうか．それが特定されることはあるのだろうか．これらの問いに対する答えを知るには，映画の上映を待たねばならない．ここでのネタばらしはやめておこう．

謝辞

この章のタイトルは，ウリオル・ボイーガスとパトリシオ・ルブーフから拝借した．彼らは，1999年にバークレーの数理科学研究所（MSRI）でのランダム行列に関する1学期に及ぶプログラムで「リーマニウムのスペクトル」に言及した．（彼らはのちに A. G. モナストラとともに「リーマニウム」というタイトルの論文を発表した．）私の長きにわたる（そして今なお続く）ランダム行列とリーマン・ゼータ関数を理解するための苦闘では，アラン・エデルマン，ブライアン・コンレイ，パーシ・ダイアコニス，デヴィッド・ファーマー，ピー

ター・フォレスター，アンドリュー・オドリズコ，ピーター・サルナック，クレイグ・トレイシーをはじめとする人たちとの議論の恩恵にもあずかっている．

第5章
独身の数

　2000年代初期にナンバープレースの熱狂が英語圏を最初に席捲したとき，多くの新聞は「数学は不要」という勇気づけるような標語を添えた．あきらかに新聞社は，クロスワードやそのほかの言葉を使うパズルに慣れ親しんだ読者が数字で埋まったマスを敬遠しないか心配したのである．

　「数学は不要」が本当に意味するのは「算数は不要」ということだった．数字のマスを足し合わせる必要はないし，それを数える必要さえないのだ．実際のところ，マスの中の記号は数字である必要はまったくない．文字や色や果物でも同じようになる．すなわち，このパズルを解くことは算数の技量を試すものではないのである．その一方で，もう少し詳しく調べると，その背後に潜む数学的アイディアが山ほど見つかる．

悩ましい起源

　標準的な問題では，81個のマスが9行9列の格子状に並んでいて，また9個の3×3ブロックに区切られている．そのマスのいくつかにはヒントと呼ばれる数が最初から埋められている．このパズルの目的は，すべての行，すべての列，すべてのブロックに1から9までのそれぞれの数がちょうど一つずつあるようにして格子状のマスを完成させることである．よくできたパズルには解が一つ，そして一つだけである．

　数独という名前は日本語だが，パズルそのものはほぼ確実に米国の発明であ

る．知られているもっとも古い事例は 1979 年に発刊された「デル・ペンシル
パズル&ワードゲーム」にあり，それにはナンバープレースという名前がつけ
られていた．その雑誌ではそのパズルの作成者は特定できないが，ニューヨー
ク・タイムズ紙のパズル編集者であるウィル・ショーツは，このパズルの解法
を彷彿させる推論によって作者を特定したと考えている．ショーツは，デル社
のいくつかの雑誌への寄稿者のリストを調べ，ナンバープレースが含まれてい

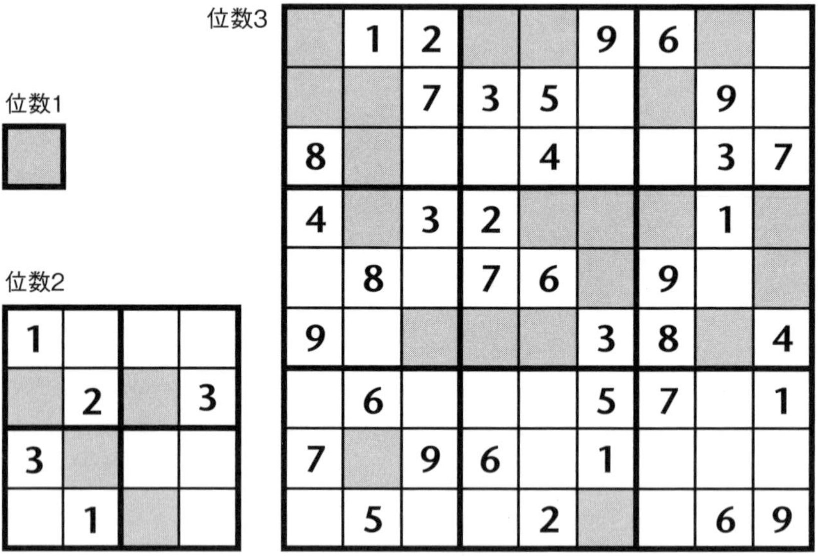

位数3

位数1

位数2

図 5.1：ナンバープレースは，それぞれの行，それぞれの列，太線で区切られたそれぞれ
のブロックに，それぞれの数がちょうど一度ずつ現れるようにマスに数を埋めなければ
ならない．位数 1 の問題は自明な 1 × 1 のマスである．位数 2 の問題は 1 から 4 までの
整数を埋める 4 × 4 のマスである．位数 3 の問題は 1 から 9 までの整数が入る 9 × 9 のマ
スである．いくつかの便利な用語を定義しておく．個々の区画をマスと呼ぶ．$n \times n$ に
並んだマスの集まりがブロックである．マスは横方向の行，縦方向の列として並ぶ．初
期状態で割り当てられている数をヒントと呼ぶ．ここに示した位数 3 の問題は，1979 年
に「デル・ペンシル・パズル&ワード・ゲーム」に掲載された最初の問題の変形である．
これは今日の基準からすれば，とても簡単である．灰色のマスは，ヒントだけから完全
に決まる．

る号には常に名を連ね，それ以外の号にはけっしていない一人の人物を見つけた．このようにして特定されたこのパズルの考案者と目される人物は，1989年に亡くなったインディアナポリスの建築家ハワード・ガーンズであった．デル社のパズル雑誌の編集主幹であるマーク・ラガッセは，ショーツの結論に同意するがデル社にはガーンズが作者であることを裏付ける記録はないと語った．くわえて，1979年には現在勤務している編集者は誰もいなかった．

その後の経緯は簡単にたどることができる．デル社はそのパズルを発刊し続け，1984年には日本の会社ニコリが発行する雑誌の一つに同じデザインのパズルを載せ始めた．（パズルの出版社は，とことん二匹目のドジョウを狙うのに長けているように思われる．）ニコリはそのパズルに「数字は独身に限る」という名前をつけた．この名前はすぐに数独と略され，それは通常「単独の数」という意味である．ニコリは日本で数独を商標登録したため，のちに二匹目のドジョウを狙った日本の出版社はほかの名前を使わなければならなかった．エド・ペグは，アメリカ数学協会のMAAオンラインにおいて，その皮肉な結果を次のように指摘している．多くの日本人がナンバープレースという英語名によってそのパズルを知っている一方で，英語圏では数独という日本語名が好まれる．

このパズルが東洋から西洋へと世界一周した次の舞台は，南半球へのちょっとした寄り道であった．1997年に英国が返還する以前の香港で判事をしていたニュージーランドのウェイン・グールドは，日本への旅行でこのパズルを見つけ，計算機でそれを生成するプログラムを書いた．そのうち，グールドはロンドンのタイムズ紙にそれを掲載するように売り込み，最初に掲載されたのは2004年11月であった．その結果，このパズルはあっという間に英国で大流行した．ほかの新聞もそれに追従し，デイリー・テレグラフは一面に連載した．誰がもっとも多くの，そしてもっとも優れた問題をもっているかという自慢になり，手作りと計算機が生成した問題の長所と思われる点が論争になった．2005年7月には英国で対戦番組が放映された．このイベントは，ブリストル近郊の草の茂る丘の中腹に275フィート（約84メートル）の問題を刻んで宣伝された．（すぐにこの「世界最大の問題」には欠陥があることが発覚した．）

このパズルは2005年の春には米国に戻ってきて，人気の娯楽になったが，

おそらく英国のようにすべてを差しおいて夢中になるほどのことはなかった．大衆がこの気晴らしに耽って，米国の国内総生産が劇的に落ち込むことはなかった．その一方で，このテーマについて私が執筆することになった動機の一部は，このパズルを解くことに浪費したとんでもない時間を正当化することだと白状せねばなるまい．

　ナンバープレースの歴史は1970年代のハワード・ガーンズに始まるように見えるが，これにも興味深い前史がある．1950年代に，ドイツ：ハノーバーのW. U. ベーレンスは農業の実験計画を改良しようと研究していた．一つの農場でさまざまな品種の種子やさまざまな殺虫剤処理を試験するとき，異なる区画において条件が変わって試行の結果に偏りを生じることがないようにそれらを農場全体に割り振らなければならない．ベーレンスは区画の行，列，ブロックそれぞれにそれぞれの品種の種子や殺虫剤処理がちょうど一度ずつ割り当たるように配置した．ベーレンスはこの配置を「公平な配置」と呼んだ．ナンバープレースが一般的になったとき，以前からベーレンスの提案を評価していた英国の統計学者R. A. ベイリーは，このパズルがこの実験計画と似ていると指摘した．（ベイリーは，ピーター・J. キャメロンとロバート・コネリーとともに2008年に完全な解析を発表した．）

　ベーレンスのいくつかのデザインには，2×2や3×3のマスのブロックがあり，それぞれ4×4や9×9のナンバープレースとまったく一致していた．しかし，このような配置は，ブロックの大きさが完全平方数のときにしかうまくいかない．ほかの大きさのブロックについては，ベーレンスは図のような5個のマスからなる正方形でないブロックをもつうまい配置を考案していた．この図はベーレンスがマスに割り当てた数をいくつか消してパズルにしたものである．

　初期のナンバープレースに先行する例さえも娯楽数学の専門家であるクリスチャン・ボイヤーによって発見されている．19世紀最後の何十年かの間に，フランスのいくつもの新聞やそのほかの定期刊行物は，同じような特徴をいくつかもつマスに数を埋めるパズルを発表していた．

ナンバープレースのすべての要素を備えてる例はなかったが，ベル・エポック
に掲載されたこれらの数を使うパズルを組み合わせると現代のパズルに非常に
近いものになる．

ヒントと発見的解法

　鉛筆を握りしめて二，三の問題を解いてみれば，役に立つ規則や技がすぐに
見つかるだろう．このパズルを解くもっとも初歩的な手順は，それぞれのマス
を調べてそこに入りうる数，すなわち，ほかのマスと相容れずに除外されはし
ない数をすべて列挙することである．ただ一つの値しか許さないようなマスが
あったら，当然ながらその値をそのマスに書き込むことができる．これとは
ちょうど逆のアプローチは，一つの行，列，ブロックの中で特定の数が入りう
るマスをすべて書き留めることである．この場合も，ただ一つのマスにしか入
れることができない数があれば，そのマスにその数を入れてよい．いずれの場
合も，その数は同じ行，列，ブロックにあるほかのマスすべての候補から除外
できる．

　問題の中には，この二つの規則を繰り返し適用するだけで解くことができる
ものもある．しかし，すべての問題がそれほど単純ならば，流行はそんなに長
続きしなかっただろう．ミネソタ州ノースフィールドの数学者でもあり作家
でもあるバリー・シプラは，規則の複雑さに従った階層構造について述べてい
る．前述の二つの規則はレベル1になる．それらの規則はマスに入る値をただ
一つに限定するか，あるいは値の入るマスをただ一つに限定する．レベル2の
規則は，一つの行，列，ブロックにあるマスの対に適用され，そのようなマス
に入りうる値が二つだけであれば，その二つの値はその行，列，ブロックのほ
かのマスから除外されるというものだ．レベル3の規則は，三つのマスと値に
対して同じように働く．規則の階層構造は，おおむねこのようにしてレベル9
まで上がっていく．

　パズル愛好家は，特定の構成を扱うためにXウィング，メカジキ，クラゲと
いった多彩な名前の技を開発してきた．たとえば，Xウィングは，シプラの階
層構造ではレベル4の技である．Xウィングは，長方形の頂点をなす4個のマ

スについての制約を利用して，ほかのマスの候補を除外する．（図5.2を参照のこと．）このような特定の配置にしか使えない技術の域を超えて，何人もの考案者は解法手順の包括的指針を定式化した．中でも J. F. クルーク，デヴィッド・エプステイン，トム・デイヴィスの研究成果はとくに素晴らしい．また，ズ・チェンは「発見的推論」手続きの概略を示し，これで知られているすべての問題を解くことができると主張する．

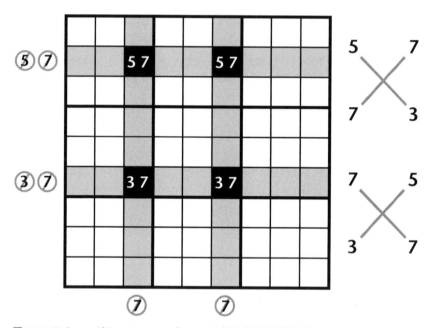

図5.2：Xウィングは，ナンバープレースを解く高度な補助手段の一つである．2行目の二つの黒いマスには5か7のいずれかが入るような制約があるとしよう．このことから，すぐに2行目のほかのどのマスに対しても5と7は候補から除外される．同様にして，6行目でも，黒いマスに3と7が入らなければならないことが分かると，その行のほかのどのマスに対しても3と7は候補から除外される．Xウィング手順は，これにさらに情報を追加する．7は，黒いマスがある二つの列の灰色のマスに入れることはできない．その右側の図式がその理由を説明している．黒いマスに数字を割り当てる有効な方法は2通りしかなく，いずれの場合もそれぞれの列に7が現れる．（この図式は，Xウィングという名前の由来も説明している．）

　特定の問題を解くときには，さまざまな規則に当てはまるパターンを探すのが楽しい．しかし，もっと高度に理解しようとするならば，そのような技法を収集することにあまり期待はできない．その規則はあまりにも多く，あまりにも多様で，あまりにも特化されすぎている．

　特定の問題を解く方法を論じるのではなく，論理パズルと同じように計算にまつわる問題とみなして，もっと一般的な問いをいくつか掘り下げたい．どれほどの計算量が求められる問題なのか．紙と鉛筆による経験から，いくつかの具体例はほかのものよりもかなり難しいことが示唆されるが，問題を分類したり格付けしたりする分かりやすい判断基準はないのだろうか．

解の数え上げ

　一般的な原理を探すとき，その第一歩は問題そのものを一般化することである．標準的な81マスだけが唯一の可能性ではない．任意の正整数 n に対して，n^2 行，n^2 列，n^2 個のブロックをもつ位数 n のナンバープレースには全部で n^4 個のマスがあり，それは 1 から n^2 までの数で埋められる．標準的な81マスの問題は位数3である．いくつかの出版社は位数4（256マス）や位数5（625マス）の問題を作っている．位数の小さいほうでは，位数1の問題についてはあまり言うことはない．（4行，4列，4個のブロックをもち，全部で16個のマスがある）位数2の問題は，パズルとしてはあまり面白くない．しかし，概念とアルゴリズムを調べるためのテストケースとして役立つ．

　それぞれの n に対して何通りの解が存在するだろうか．問題を次のように言い換えよう．ヒントのまったくない空っぽのマスから始めて，ナンバープレースの制約に従ってすべてのマスに数を埋める配置は何通りあるだろうか．最初の近似としてブロックを無視すると，それぞれの列とそれぞれの行にはそれぞれの数がちょうど一つずつあるような任意の解を許して問題を単純化できる．この種の配置はラテン方陣として知られていて，200年以上前にすでにレオンハルト・オイラーも精通していた．

　（位数2のナンバープレースに対応する）4×4ラテン方陣を考える．オイラーは，どの行や列にも重複しないように正方形の配列に1, 2, 3, 4を配置す

るやり方を数えた．それらはちょうど576通りある．このことから，位数2の
解の総数は576が上限になる．これが上限であるのは，すべての解は必ずラテ
ン方陣になるが，すべてのラテン方陣が必ずしも有効な解ではないからであ
る．このパズルの（今はもうない）プログラマー・フォーラムでの2005年の一
連の投稿によると，シェフィールド大学のフレーザー・ジャーヴィスは4×4
ラテン方陣のちょうど半分がナンバープレースの解になることを示した．すな
わち，有効な配置は288通りある．

　位数がこれより大きくなると，数え上げるのが急激に難しくなる．オイラー
は5×5ラテン方陣までしか数えなかったし，9×9ラテン方陣は1975年になる
まで列挙されなかった．後者の結果は5,524,751,496,156,892,842,531,225,600
通り，すなわち約6×10^{27}通りである．位数3のナンバープレースは，このラ
テン方陣の部分集合でなければならない．これは2005年にドレスデン工科大
学のベルトラム・フェルゲンハウアーがジャーヴィスと連携して数え上げた．
彼らが計算したその総数は6,670,903,752,021,072,936,960通り，すなわち約
7×10^{21}通りである．このようにして，すべての9×9ラテン方陣のうちの
100万分の1を少し超えるものがナンバープレースになる．

　しかしながら，これらの配置がすべて本当に異なるかどうかは定義による．
ナンバープレースのマスには多くの対称性がある．任意の解をもってきて，そ
れを$90°$の倍数だけ回転させても有効な配置が得られる．前述の列挙では，こ
のような違いしかない解も異なるものとして数えている．このような明らかな
回転や裏返し以外にも，横に並んだブロックに含まれる行や，縦に並んだブ
ロックに含まれる列を入れ替えることができるし，これらの横並びや縦並びの
ブロックそのものを自由に並べ換えることもできる．さらに，マスに入ってい
る数はどんな記号でもよいので，これらも入れ替えることができる．たとえ
ば，マスの中に現れるすべての5と6を交換しても，また有効なパズルが得ら
れる．

　これらの対称性をすべて考慮に入れると，実質的に異なる配置の総数は大幅
に減る．位数2の場合には，実際に異なる配置はたった2通りだけであること
が分かる．288通りの配置の残りは，すべてこの2通りにさまざまな対称変換
操作を適用することで生成できる．（図5.3を参照のこと．）位数3の場合にも，

図 **5.3**：位数 2 の配置は十分小さいので，すべての可能な構成をうまく列挙することができる．左上の四半分にあるブロックを固定すると，パズルの規則から右上の四半分への数の配置は 4 通りあり，さらに左下の四半分への数の配置も 4 通りあるので，それらから図に示した 16 通りの構成が生成される．これらのうち 12 通りでは，それぞれ右下の四半分を一通りに完成させることができる．残りの（中央にある濃い灰色の）4 通りの場合は，パズルの規則に沿って完成させることはできない．したがって，与えられた左上の四半分の構成に対して，全部で 12 通りの解がある．しかし，この四半分は実際には 4 個の数の 24 通りの配置のいずれであってもよいので，総数は 12×24 通り，すなわち 288 通りになる．しかし別の意味では，異なる配置はたった 2 通りしかない．288 通りの全解の集合は，右上の（薄い灰色の）二つの配置から生成することができる．

まだ正真正銘の異なる解が山ほど残りはするものの，劇的に少なくなる．この対称変換を注意深く列挙することによって，ジャーヴィスとエド・ラッセルは対称変換でほかのものとは一致しない位数 3 の解は 5,472,730,538 通り，すなわち約 50 億通りであることを見つけ出した．

　これは**解**の総数であることに注意せよ．**問題**はもっとたくさんある．それぞれの解に対して，マスに埋められている数字の一部を消し，残りをヒントとして残して問題を作ることができる．25 個のヒントがある問題が欲しいのであれば，81 個のマスの残り 56 個を空欄にする．81 個の集合から 25 個を選ぶ方法は約 5×10^{20} 通りあり，これらの部分集合それぞれから潜在的な問題が作られる．このやり方で作られるすべてのパターンが一意な解をもつ有効な数独になるというわけではない．それでも，解ごとの問題の総数は莫大である．

　問題を解いている最中に，ときおり既視感を覚える．マスへの数の配置に見覚えがあるか，それともマスの間の関係がお決まりのパターンなのかもしれない．出版社は以前の問題を再利用しているのだろうか．その可能性もあるが，解かれるのを待っている未使用の問題がけっして足りなくなることはない．

平易から極悪非道まで

　計算機科学には，難易度に応じて問題を分類するための精緻な階層構造がある．そして当然，このパズルがその枠組みのどこに収まるかと問うことになる．どんな問題でも素早く効率的に解くようなプログラムを書くことができるか．それとも，どんなプログラムも行き詰まらせていつまで動きつづけさせるような問題があるだろうか．これらの問いに対していくつかの答えがある．それは，残念ながら手作業にしろ計算機を使うにしろ今日の新聞で見かける問題を解く難しさとほとんど関係がない．

　計算機科学では，多項式時間アルゴリズムと指数時間アルゴリズムの間には大きな隔たりがある．大きさ n の問題が与えられたときに，その実行時間が n または n^2 または n^{100}（これらはすべて n の多項式である）に比例するならば効率的と考えられる．しかし，実行時間が 2^n または e^n または n^n（これらは指数関数である）に従って大きくなるならば，そのアルゴリズムは大きな n に

対して絶望的に遅いことになる.

東京大学の八登崇之と瀬田剛広によれば,ナンバープレースはNP完全として知られる問題のクラスに属する.このクラスの問題はどれも多項式アルゴリズムが見つかっておらず,ほとんどの計算機科学者は速いアルゴリズムが見つかることはなさそうと考えていて,おそらく想像することもできないだろう.この悲観的な見方をする一つの理由は,すべてのNP完全問題はひとつながりになっていて,一つが解ければすべてのNP完全問題が解けてしまうからである.何百とある手に負えなさそうな問題が一挙に簡単になってしまうという考えは,あまりにも出来すぎた話に思える.

問題を解き終えて筆を措くとき,NP完全問題を片づけたという思いが精神的満足感を高めるかもしれないが,有頂天になってはいけない.これは,ものすごい能力があるということではない.NP完全に分類されるということは,個々の問題を解く難易度についてまったく何も述べていない.それは,もっと多くのマスがある問題に取り組むときに,要求される労力が指数関数的に増大すると述べているにすぎない.

ある出版社では,問題の難易度を「簡単」から「難しい」まで(あるいは「平易」から「極悪非道」まで)の段階に分けている.これらの評価の基準は述べられていないが,「超難問」を難なく解き終えて,「中級」で行き詰まるということもよくある.したがって,難易度を見積もる問題はまだ厳密な科学にまで落とし込めていないようだ.

難易度に影響すると予想されそうな簡単に測ることのできる要因の一つは,ヒント数である.一般的に,解き初めに数が分かっているマスが少なければ少ないほど,難しい問題になっているように思われる.その一方で,多数のマスが数で埋められていると問題はたしかにとても簡単であることは疑いもない.少ないヒントの問題を作ろうとすると,問題に解が一つしかないことを保証するのは一苦労である.突き詰めると,全部が空欄の位数3の問題には50億通り以上の解がある.

一意な解が保証されている最小ヒント数はいくつか.位数2の問題では,ヒントが4個ならば一意に解くことができるが,3個ではそのような問題はないと考える.(4個のヒントだけの配置を見つけることはそれ自体が面白い問題

である.）位数3については，最小ヒント数は数年間分からないままであった．ウエスタン・オーストラリア大学のゴードン・ロイルは17ヒントで一意に解くことのできる問題をほぼ50,000問集めたが，ヒントが17個よりも少ないものは見つけられなかった．これが最小ヒント数は17個であるという推測に対する有力な根拠だが，2012年にユニバーシティ・カレッジ・ダブリンのゲイリー・マクガイア，バスティアン・テュージマン，ガイルズ・シヴァリオがこの問題を解決するまでこの予想は証明されていなかった．彼らは50億個の解すべてを網羅的に調べることによって証明したが，それぞれの解に対して16個のヒントの可能配置すべてを調べなくてもよいようないくつかの重要な単純化を行った．その計算には，320ノードからなる計算機のクラスターを用いて一年を費やした．

　新聞やそのほかの出版物に掲載された問題でヒントが20個より少ないものはまれであり，一般的な水準は25個から30個の間である．この範囲内でのヒントの個数と難易度の間の相関は弱い．ある本では，やさしい問題のヒント数の平均は28.3で超難問のヒント数の平均は28.0であることが分かった．

論理規則

　多くのパズル作家は，論理だけで解くことの問題と試行錯誤を必要とする問題を区別する．論理によって解くのであれば，ある数がそのマスに現れなければならないと証明できるまでそのマスにその数を書くことはない．試行錯誤は，推測することを許す．すなわち，あるマスにとりあえず数を入れておき，その論理的帰結を調べて必要ならば後戻り（バックトラック）し，選んだ数を取り除いてほかの数を試す．論理だけで解くのにはペンさえあればよい．バックトラック法には，鉛筆と消しゴムが必要である．

　論理だけの手順がうまくいくためには，問題は「漸進的な特性」をもたなければならない．すなわち，問題を解くどの段階においても少なくとも一つのマスの値を確実に決められなければならない．そのマスにその値を埋めると，ほかの少なくとも一つのマスの値が完全に決まることが明らかになるというように続く．バックトラック法の手順は，この特性に縛られない．どの選択肢を選

ぶことも強いられない，すなわち，まだ空欄のすべてのマスには少なくとも二つの候補があるような状態に達したとき，そのいずれを選択してもよい．

　論理による解法とバックトラック法の違いは，問題の難易度を評価するための基準として有望のように思えるが，よく見るとその違いが存在することさえ明確ではない．バックトラック法では解けるが論理だけでは解けないような問題の部分集合があるのか．これは次のように質問を変えるともっと明確になる．解が一意に決まる問題で，ある途中の段階でどのマスも曖昧さなく値を推論できないような膠着状態になるようなものがあるか．論理的推論をするときに許される規則に人工的な制約を課さない限り，そのようなものはないと考える．

　バックトラック法そのものを論理的操作と見ることができる．バックトラック法は背理法を行っているのである．一つのマスに推測で数を入れ，その結果として最終的にほかのマスに規則に適う値を入れられなくなったら，この二つのマスの論理的関係を知ることになる．この論理の連鎖は非常に複雑になるかもしれないが，その論理的関係は同じ行にある二つのマスには同じ値を入れることができないという単純な規則となんら違いはない．（デヴィッド・エプスタインは，きわめて繊細な数独の規則を定式化した．その規則はバックトラック法による解析から収集されるような情報を捉えていて，先を見通して推測をしない解法でも使える．）

満たされた気持ち

　計算量の観点からは，ナンバープレースは制約充足問題である．その制約は，同じ行，列，ブロックにある二つのマスが同じ数を保持することを禁じる規則である．解は，その制約すべてを同時に満たすように数をマスに割り当てることである．位数3の問題に対する制約充足問題は，27個の制約を課す．それは，それぞれの行，列，ブロックに一つずつの制約である．これらの制約は「すべてが異なる」という規則の形をしている．同じ行，列，ブロックにあるすべてのマスは異なる値でなければならない．この制約は，個々のマスの対に対してもっと単純な「等しくない」という規則で表すこともできる．このやり

方には，プログラミング言語に組み込まれている不等号演算子を使えるという利点がある．その一方で，規則の総数は810とかなり大きくなる．

　この問題を手作業ではなく計算機によって解くとき，どれほど異なった手法が使われるのかを見てみると面白い．人が解くときには，論理さえあればよいと考えるのはもっともであるが，プログラムにとってはバックトラック法のほうが好ましい選択肢である．その理由の一つは，バックトラック法で解があるときには常にその解が見つかることである．複数の解がある場合や解がない場合でもバックトラックをきっちりと実行する．論理だけで解くプログラムに同じようなことを要求すると，必要になりそうなすべての推論規則を含んでいることを証明しなければならないだろう．

　多数の小さな規則ではなくただ一つの大きな規則を使っているという意味でも，バックトラック法のほうが単純なアプローチである．それぞれの段階では，あるマスに対する値を選んで，その新たに追加された値が残りのマスとつじつまが合っているかどうかを確認する．値の衝突が見つかったら，その選択を取り消してほかの値を試す．与えられたマスに対して，すべての候補を調べ尽くしてもそのマスに置くことのできる値が見つからなければ，それよりも前に間違った選択をしていたに違いないのでもっと後戻りする必要がある．パズルを解くこの方法は賢いアルゴリズムではない．それは，要するに可能性のある解すべての木，すなわち9^{81}個の葉をもちうる木を深さ優先で探索しているのである．ここで指数時間アルゴリズムの領域に深く入り込んでいることに疑問の余地はない．それでも実際にやってみると，バックトラック法によってこのパズルを解くことはあきれるほど簡単である．

　バックトラック法の探索処理を高速化するための方策が数多くある．そのほとんどは次に試すべき木の枝を賢く選択することに重点を置く．しかし，そのような最適化はほとんど必要ない．位数3の問題では，バックトラック法の探索で工夫をしなくても数十ステップで解にたどりつく．一般に公開されている最速のプログラムは，位数3の難問を約1ミリ秒で解く．問題を解くのに計算機と張り合うとあまり楽しいことにならないのは間違いない．

　これが，私たちが楽しむパズルを台無しにしてしまうのか．手に負えない超難問に悪戦苦闘していて意気消沈した瞬間には，部屋の片隅にある計算機なら

ば絡み合った論理を瞬く間に一掃してくれるという思いはたしかに気を滅入らせる．この行，列，ブロックの相互相関が人手を煩わすのにふさわしい作業かどうか疑問に思い始めている．しかし，苦労して難問が解けたとき，計算機よりもその成功に喜びを感じるのである．

第6章
縮れ曲線

1877年，ドイツの数学者ゲオルク・カントールは驚くべき発見をした．カントールは2次元の面には1次元の線よりも多くの点を含まないことを見つけたのだ．カントールは正方形の領域を構成するすべての点の集合とその正方形の外周にある線分の一つに沿った点の集合を比較した．そして，その二つの集合が同じ大きさであることを示した．直感はこの見解と相容れない．正方形の内部には，平行に並んだ無限に多くの線分を描くことができる．このような無限に並んだ線分が占める領域にはたしかに1本の線分よりも多くの点を含むはずだが，そうではない．カントール自身が懐疑的であり，「私はそれを見ているが，それを信じない」と書いた．

それでもこの事実から逃れることはできない．カントールは，正方形内の点と線分上の点の間の1対1対応を定義した．正方形の中のすべての点に線分の中のただ一つの点を対応させ，線分の中のすべての点に正方形の中のただ一つの点を対応させた．いかなる点も対応から漏れていたり重複して使われたりしない．それは手袋の左右を対にするようなものだ．最後にどちらも余らないという結果になったならば，始めに同数の左手用と右手用があったにちがいない．

幾何学的には，カントールの1対1写像はごたまぜの代物である．線分上で近くにある点は正方形の中の離れた移り先に広く散らばる．すぐに生じる疑問は，これが線分と面の間の連続写像なのかということだ．言い換えると，紙から鉛筆を離すことなく正方形の中の道をたどって，すべての点を少なくとも一

度通ることができるか．そのような曲線が最初に見つかるまでに10年を要した．それから何十もの曲線と，3次元の立体やもっと高次元空間の領域さえ満たす曲線も考案された．まさに次元の概念がおぼつかなくなった．

　1900年ごろ，これらの空間充填曲線は，日常生活の世界から数学がいかにかけ離れているかを示す不可解で例外的な状況と考えられた．この不可解さがきれいさっぱりと消えてしまうことはないが，その曲線はより身近なものになった．いまや，その曲線はプログラマーのおもちゃであり，いくつかのアルゴリズムの技法（とくに再帰）を分かりやすく示すためにうまく使われている．さらに驚くべきことに，その曲線には実用的な応用があることが分かっている．空間充填曲線は地理的な情報を符号化する働きをする．また，画像処理に有効であり，大規模な計算を行うときの計算資源の割り当てに役立つ．そして，複雑な幾何学的パターンを好む人たちの眼を満足させる．

いかにして空間を埋め尽くすか

　正方形の内部を完全に埋め尽くす曲線のおおよその姿を示すのは簡単である．その完成形は次のようになる．

これでは何も分からない．この曲線がすべての点を網羅するように通過するのが分かるだけでは十分ではない．この曲線がどのように構成され，どのような経路をたどることで正方形を網羅するのかを知りたいのである．

　そのような経路を設計しようとするならば，手始めに芝生をうまく刈り取れるような道を考えるかもしれない．

しかし，このようなジグザグや螺旋の道には問題がある．数学的芝刈り機は，無視できるほど狭い幅で刈り取るので，隣り合う通り道との隙間を小さく保た

なければならない．残念なことにこの隙間をゼロに近づけたときの極限のパターンは，正方形の一辺または外周に沿った一つの線を永久に繰り返したどり内部には空き地が残るので，正方形は埋め尽くされない．

最初にうまくいった空間充填曲線の手順は，その算術の公理でも有名なイタリアの数学者ジュゼッペ・ペアノによって 1890 年に定式化された．ペアノは図式を示しはせず，彼の曲線がどのように見えるかを明示的に述べさえしなかった．ペアノは線分上のそれぞれの位置 t に対して正方形の内部の x と y 座標を与える数学的関数の対を定義しただけである．

ほどなく，その時代のドイツ数学の指導的立場にあったダフィット・ヒルベルトは，ペアノの曲線を単純化したものを考案し，その幾何学を論じた．図 6.1 はヒルベルトの 1891 年の論文にある，その曲線の構成法の最初の 3 段階を示す図式を描き直したものである．

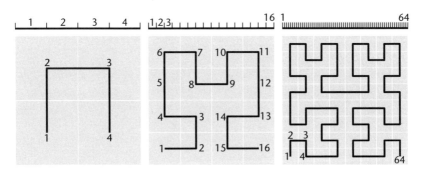

図 6.1：空間充填曲線は，一連の詳細化の段階を経て発展し，正方形の領域を覆うように成長する．この図はそのような曲線として最初に発表された図式を書き直したものである．この図式の出典は，ダフィット・ヒルベルトによる 1891 年の論文である．この構成法の背後にある考え方は，線分を 4 個の区間に分割し，正方形を 4 個の小正方形に分割すると対応する区間と小正方形の点の間に 1 対 1 対応が成り立つというものだ．再帰的に分割を繰り返してこの処理を続ける．

先延ばしによるプログラミング

　図6.2に何段階かの発展を遂げたあとのヒルベルト曲線を示す．ここまでくると，やがては正方形のすべての点に達すると思えるほど複雑に曲がりくねっている．この曲線は，私が先延ばしによるプログラミングと呼ぶ再帰的なスタ

図**6.2**：7段階の細分化によって，ヒルベルト曲線は正方形の$4^7 = 16,384$個の小区画を蛇行する．この曲線は，隙間や飛躍がないという意味で連続であるが，滑らかではない．この曲線は直角に曲がるすべての点で接線をもたない．（微積分の用語を使えば，導関数をもたない．）区画の分割処理を続けると，この曲線が正方形全体を埋め尽くす極限状況に達し，2次元の正方形には1次元の線分よりも多くの点がないことを示す．

イルで書かれたプログラムにより計算機を用いて描いた．このアプローチの背後にある哲学は次のようなものである．この曲がりくねった曲線をすべて描くのは大変な作業に見えるので，できる限り先に延期してもよいのではないか．もしかしたら，けっしてそれに取り組むことにはならないかもしれない．

ヒルベルトという名前のプログラムがこの問題を解こうとしながら独り言を言うのに耳をそばだててみよう．

ふむ，私は正方形を埋め尽くす曲線を描くことになっているのか．それをどのように描けばよいかは知らないが，その問題を切り刻んで小さくすることはできるだろう．その正方形よりも小さな，たとえば4分の1の大きさの正方形を埋め尽くすサブルーチンがあるとしよう．もとの正方形の四半分それぞれに対してそのサブルーチンを呼び出すと，別々の空間充填曲線の断片4個が手に入る．そこで，一つの長い曲線になるようにその4個の断片をつなぐ3本の線分を描くと一丁上がりさ！

もちろん，正方形の四半分を埋め尽くすためのサブルーチンを実際にはもってはいない．しかし，正方形の四半分はそれ自体が正方形である．ここに，任意の正方形に空間充填曲線を描けることになっているヒルベルトという名前のプログラムがある．この正方形の四半分それぞれをヒルベルトにやらせておこう．

この一人芝居で述べた手順は，まったく無意味な行為のように聞こえるかもしれない．ヒルベルトというプログラムは問題を分割し続けるが，けっしてそれを実際に解こうとはしない．しかしながら，これは先延ばしが見事に効果を発揮する数少ない場合である．そして，昨夜怠けて棚上げにした宿題が朝起きてみると不思議なことに終わっているのだ．

ヒルベルトの分割統治処理における一連の小正方形の大きさを考えてみよう．それぞれの段階で正方形の一辺の長さは半分になり，面積は4分の1になる．その処理が無限回実行された極限においては，1辺の長さがゼロで面積もゼロの正方形になる．そしてここで，この先延ばしの奇跡が起こる．大きさゼロの正方形の内部の点すべてを通る曲線を描くことは簡単である．なぜなら，そのような正方形は実際には1点だからである．黙って描けばよい．

　現実的な考え方の読者は，有限の機械の上で有限の時間だけ実行されるプログラムは正方形の大きさがゼロに縮んだ極限の場合に実際に達することはないと異議を唱えるだろう．その点についてはたしかにその通りだ．正方形がまだ複数の点を含んでいる間に再帰を止めてしまうと，それらの点のうちの一つを代表として選ばなければならない．正方形の中心がその有力候補である．図6.2の曲がりくねった迷路を描くときは，プログラムの再帰を7段階で止めた．このとき，正方形は分割されて小さくなっているが，それでも1点よりはたしかに大きい．このクネクネとした黒い線は $4^7 = 16{,}384$ 個の正方形の中心をつないでいる．真に無限の空間充填曲線は心の目でしか見ることはないが，この図のような有限の描画は少なくともその極限を想像する助けになる．

　このアルゴリズムのほかの重要な側面についてごまかしていた．この曲線が連続であり，途中でとぎれることがないのならば，曲線の一つの区間は次の区間が始めるところで終わるようにすべての正方形を並べられなければならない．このように区間の端点が一致するためには，小正方形のいくつかを回転させたり裏返したりしなければならない．（このような変換をアニメーションで具体的に示したものが，`http://bit-player.org/extras/hilbert`にある．）

文法と算術

　先延ばしのアルゴリズムだけが空間充填曲線を描く方法でないことは確かである．別の方法では，その曲線のパターンの自己相似性，すなわち曲線を構成する一連の段階それぞれに繰り返し出現する特徴的な形状の存在を利用する．ヒルベルト曲線では，この基本形状は4通りの向きに置くことのできるU字形の道である．詳細化の一つの段階から次の段階に進むとき，それぞれの向きのU字形は，図6.3に示したような特定の小さなU字曲線4個の列とそれらをつなぎ合わせる線分で置き換えられる．この置き換え規則は，言語学的文法が句や文を生成するのと同じやり方で幾何学的図形を生成する文法を構成する．

　この文法によって生成される出力は記号列である．これを図にする簡単な方法は，その記号を「タートル・グラフィックス」を扱う計算機言語のコマンドと解釈することである．タートルは，前進，右折，左折という単純な指示に応

えて平面を這い回る概念上の描画器具である．平面上を動くタートルの軌跡が，描かれる曲線になる．

　ペアノとヒルベルトが最初の空間充填曲線について書いたとき，彼らは文法的規則やタートル・グラフィックスを使ってその曲線を説明してはいない．彼らのアプローチは，区間 $[0,1]$ の数を線分上のすべての点に割り当て，また正方形のすべての点にも割り当てるという数値に基づくものであった．ヒルベルト曲線では，4 を基数として，すなわち数字 0, 1, 2, 3 を使う 4 進法で計算を行うのが都合がよい．図 6.4 に概略を示したように，0.213 のような 4 進小数における一連の数字それぞれが正方形を四分割した小正方形を規定する．

　そのほかの空間充填曲線はどうだろうか．ペアノ曲線は概念的にはヒルベルト曲線と似ているが，正方形を 4 個ではなく 9 個の領域に分割する．また別の有名な例として，ポーランドの数学者ヴァツワフ・シェルピンスキーが 1912 年に考案したものがある．それは正方形を対角線に沿って三角形に分割し，それをさらに小さく分割する．最近では，1970 年代にビル・ゴスパーが雪片曲線を考案した．（図 6.5 を参照のこと．）

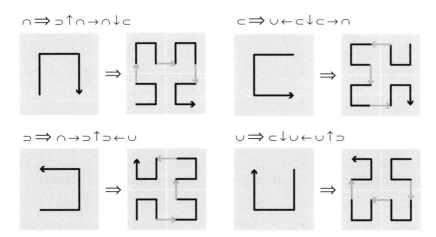

図 6.3：置き換え規則は，4 通りのいずれかの向きにある U 字形の形状を，回転および裏返しにした同じ形状の 4 個の複製の列で置き換えることでヒルベルト曲線を生成する．この規則を合わせた集合は，文法を構成する．

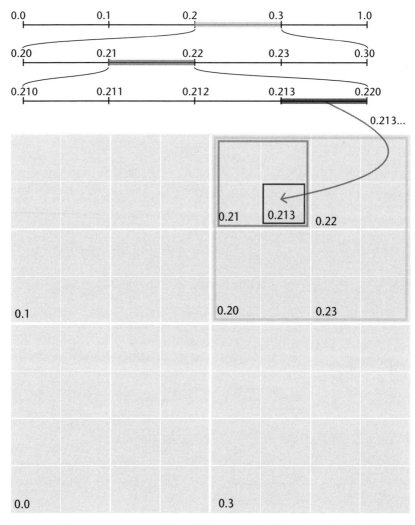

図 6.4：4進数によるヒルベルト曲線の符号化は，単位区間 [0, 1] の4分割が正方形の四半分にどのように写像されるかを示している．たとえば，0.2... で始まる任意の4進数は，薄い灰色で縁取りをした右上の小正方形のどこかの点に対応する．0.21... で始まる任意の数は，中間の灰色で縁取りをした正方形に写され，0.213... で始まる任意の数は濃い灰色で縁取りをした正方形に写される．

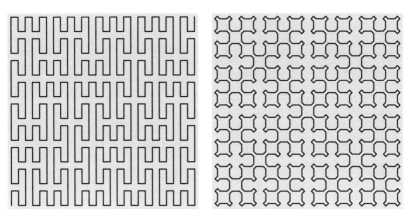

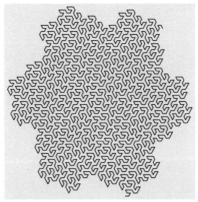

図 **6.5**：最初の空間充填曲線（左上）はイタリアの数学者ジュゼッペ・ペアノによって1890年に記述された．その構成法は正方形を9個の小正方形に分割するというものである．三角形分割に基づいた曲線（右上）はポーランドの数学者ヴァツワフ・シェルピンスキーが1912年に発表した．雪片曲線（下）は，米国の数学者ビル・ゴスパーが1970年代に考案した．雪片曲線はでこぼこの辺をもつ6角形状の領域を埋め尽くす．

　3次元空間を埋め尽くすのは平面を埋め尽くすよりもむしろ簡単，少なくとも3次元空間を埋め尽くすほうが多くの方法があることが分かる．オランダのアイントホーフェン工科大学のヘルマン・ハーフェコートは，3次元でヒルベルト曲線に似た曲線を数えた．それは1000万通り以上ある．

至るところ曲がり角

　日常会話では，曲線という言葉は放物線や円のように尖った角のない滑らかなものを意味する．ヒルベルト曲線は滑らかというには程遠い．ヒルベルト曲線のどの有限の段階も，90°の曲がり角を直線分でつないだものになっている．この構成処理を有限回の繰り返しで止めなかった場合の極限では，その線分の長さはゼロへと縮んでしまい，尖った角しか残らない．ヒルベルト曲線はすべてが曲がり角なのである．1900年に米国の数学者エリアキム・ヘイスティングス・ムーアはこのようなものに縮れ曲線という名前を考え出した．

　無限に長い空間充填曲線の完全な道筋を紙の上に描くことはできないとしても，それは完全に矛盾なく定義されている．指定された任意の点に対して曲線上の位置を計算することができる．入力が正確ならば，その結果も正確である．2次元のヒルベルト曲線に沿ったいくつかの節目となる点とそれに対応する1次元の線分上の位置を図6.6に示す．

　この位置の計算のアルゴリズムは，1次元の線分から2次元の正方形への写像として定義されるヒルベルト曲線をそのまま実装している．この関数の入力は区間 $[0, 1]$ に属する数であり，出力は x と y 座標の対である．x, y 座標から線分 $[0, 1]$ への逆写像は少し面倒である．問題は，正方形の中の点は線分上の複数の点に結びついていることだ．

　次元をものともしないカントールの関数は1対1写像であった．線分上のそれぞれの点は正方形の中のちょうど1点だけと対応づけられ，逆に正方形のそれぞれの点は線分上のちょうど1点だけと対応づけられる．しかし，カントールの写像は連続ではない．線分上で隣り合う点が必ずしも正方形の隣り合う点に写像されるわけではない．それとは対照的に，空間充填曲線は連続であるが1対1写像ではない．線分上のそれぞれの点は正方形の中の一意な点に対応づ

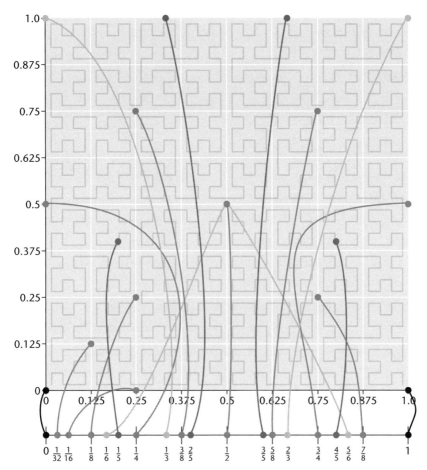

図 **6.6**：無限のヒルベルト曲線そのものは描けないにもかかわらず，ヒルベルト曲線の無限に縮れた道に沿った点の位置は正確に計算することができる．この図では，区間 $[0,1]$ から選んだ 25 個の点が単位正方形 $[0,1]^2$ の座標に写像されている．ヒルベルト曲線の有限近似を背景として示しているが，正方形の中の位置は完成した無限のヒルベルト曲線に沿った位置である．逆写像は一意には定まらない．正方形のある点は区間 $[0,1]$ の複数の点に写される．

けられるが，正方形の中の点は線分上の複数の点に写されうる．その顕著な例は，$x = 1/2$, $y = 1/2$ を座標とする正方形の中心である．線分の三つの離れた位置（1/6, 1/2, 5/6）は，すべて正方形のこの点と対応している．

配達の数学

　空間充填曲線は怪物と呼ばれてきたが，それは役に立つ怪物である．それらのもっとも注目に値する応用の一つが，ジョージア工科大学のジョン・J. バーソルディ3世とその同僚によって，1983年に報告された．彼らの目的は，アトランタの街のあちらこちらに散らばる高齢の顧客に車で食事を配達する運転手にとって効率的な経路を見つけることであった．可能なもっともよい配達経路を見つけることは，強力な計算機を使っても厄介な仕事である．食事の宅配は厳密に最適な解を必要とはしていないが，その経路の立案と見直しは素早く行う必要があり計算のための装置を用いずに行わなければならない．バーソルディとその共同研究者は，地図と印刷された数枚の表，そして2台のローロデックス（回転式名刺ホルダー）を用いる方法を考案した．

　配達経路を立案するには配達先の住所が書かれたローロデックスのカードから始める．マネージャーはそれぞれの住所に対して地図上の座標を調べ，それらの座標を表で調べる．その表には，ローロデックスのカードに書き込む番号が書かれている．その番号の順にカードを並べ替えると，配達の順番が得られる[訳注1]．

　この手続きの背景には，地図に重ねるように描かれた空間充填曲線（具体的にはシェルピンスキー曲線の有限近似）がある．表にある番号は，この空間充填曲線に沿った位置を表す．配達経路は，ぐにゃぐにゃと曲り角しかないシェルピンスキー曲線をたどるわけではない．シェルピンスキー曲線は単に配達する住所の順番を決めるだけであり，運転手はその2地点の間の最短経路を選択する．

[訳注1] もう一台のローロデックスは配達先がアルファベッド順に並べられていて，配達先の見直しをする際に用いられる．

　空間充填曲線がこのような役割をうまく果たすのは，それが局所性を保つからである．二つの地点が平面上で近くにあれば，それらの地点は空間充填曲線上でも同じように近くにある可能性が高い．この経路では街を横切ってまた戻ってくるというような無駄に遠回りをすることはない．

　食事の宅配経路の決定は巡回セールスマン問題の具体例である．巡回セールスマン問題は，よく知られた計算機科学の難問である．（図6.7を参照のこと．）バーソルディのアルゴリズムは，最適であることを保証しないが大抵はよい解を与える．無作為に分布した配達場所に対しては，その経路は最適な解よりも平均で約25パーセント長い．そのほかの経験則に基づく方法ではこれよりもよい結果が得られるが，それらは非常に複雑である．バーソルディの方法は，配達場所の間の距離を計算することさえせずに経路を見つける．

　局所性は，ほかの文脈でも同じように役に立つ性質である．場合によって必要となるのは，一つの場所からその次の場所への経路ではなく，場所をクラスターにグループ分けすることである．2次元以上の場合には，クラスターを特定することは難しい．空間充填曲線をデータ集合の間に這わせることで，これが1次元の問題に帰着される．

　グラフィック・アートでは，中間調（ハーフトーン）化として知られる処理に空間充填曲線の助けを借りてきた．中間調化によって（レーザープリンタなどの）モノクロ装置で灰色の色調を再現できる．従来の中間調化の方法では，領域の明暗を表現するために大きさを変えた点の配列を用いる．しかし，無作為な配列や規則正しい配列では，画像の細かい特徴やくっきりした線を不鮮明になりがちである．ヒルベルト曲線やペアノ曲線の経路に沿った点を集めた中間調パターンは，鮮明な細部を保ちつつ滑らかな明暗の階調を表すことができる．

　また別の応用は，まったく異なる分野から生まれた．それは（大規模な計算における重要なステップである）行列の掛け算である．行と列を用いて行列成分にアクセスするときに，メモリーから何度も同じ値を読み出さなければならない．2006年に，ミュンヘン工科大学のミカエル・バデルとクリストフ・ツェンガーは，空間充填曲線によるデータのクラスタリングを用いるとメモリーからの転送量が減ることを示した．

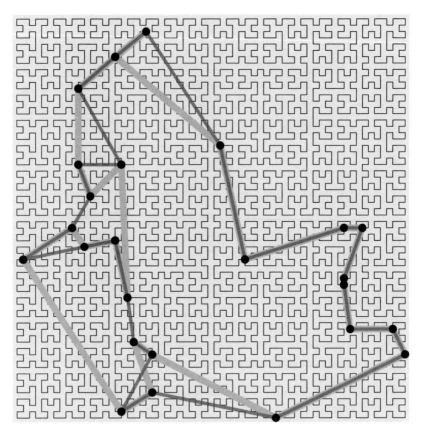

図 **6.7**：巡回セールスマン問題の近似解は，空間充填曲線に基づく単純なアルゴリズム
から作り出される．この図では，25 個の都市（黒点）が正方形の内部に無作為に分布し
ている．巡回セールスマン問題は，このすべての都市を通って出発点に戻る最短経路を
要求する．空間充填曲線が訪れる順に都市を並べると，長さ 274 の経路（薄い灰色の太
線）が得られる．最適な経路（濃い灰色の細線）の長さはそれよりも約 13 パーセントよ
い 239 である．この例で用いた空間充填曲線は E. H. ムーアによって 1900 年に考案さ
れた．この曲線はヒルベルト曲線と関連があるが，その経路は閉じている．経路の長さ
を測るときの単位距離は，ムーア曲線の 1 ステップの長さである．最適な経路は，コン
コルド TSP ソルバー（http://www.math.uwaterloo.ca/tsp/concorde/）を使って
計算した．

　バデルは，2013年に計算量の観点から空間充填曲線を論じた素晴らしい書籍の著者でもある．それよりも前のハンス・ザーガンの著書はもっと数学的である．

　このような奇妙な曲線に驚くほど多様な使い方が見つかっているということから，自然はこのような曲線もうまく働くようにしているのではないかと思わざるをえない．縞，斑点，渦巻きや多くの種類の枝分かれ構造など，そのほかの種類のパターンは自然界の至る所にある．しかし，自然界の光景の中にペアノ曲線を見た覚えはない．それにもっとも近いといえるのは，ある種の生痕化石（海底にある有機体のでこぼこが保存されたもの）か，もしかしたら人間の大脳のしわだろう．

カントールの難問

　空間充填曲線の応用は必然的に有限の事例，すなわち鉛筆や計算機で描くことのできる道として作り上げられる．しかし純粋数学では，線が極端に縮れて思いもよらず平面になるような無限の場合に注目する．

　無限集合に関するカントールの業績は，その時代には物議を醸し論争の種となった．ベルリンでのカントールの教官の一人であったレオポルド・クロネッカーは，のちにカントールを「若者を堕落させる者」と呼び，次元に関する論文の発表を阻止しようとした．しかし，カントールを熱心に擁護する者もいた．1926年にヒルベルトは「何者もカントールが作った楽園から我々を追い出すことはできない」と書いた．そして，ヒルベルトは正しかった．誰も立ち退かされはしなかった．（ただし，何人かは自らの意志でそこを去った．）

　カントールの発見は，最終的には連続性と滑らかさの本質についての明確な思考につながった．これらは微積分や解析学の根底にある概念である．これに関連する空間充填曲線の発展は，次元の考え方にさらに深い見方を要求した．デカルトの時代以来，d次元空間では点の位置を表すのにd個の座標を使うことが当然と考えられていた．ペアノ曲線とヒルベルト曲線はこの原則を覆した．直線上，平面上，立体中，そして高エネルギー物理学で流行っている11次元空間中の位置でさえ単一の数によって定義できる．

　カントール，ペアノ，ヒルベルトが彼らの縮れた曲線を考案したのとほぼ同じ時期に，英国の教師エドウィン・アボットは3次元の世界を見るために平面から飛び出すことを夢見る2次元の生き物についての寓話『フラットランド』を書いた．平面世界の住人たちは，1次元のミミズでさえ十分激しく身をくねらせるだけで高次元空間にまで飛び出せると知ったら，勇気づけられたことだろう．

第7章
ゼノンとの賭け

　休暇でイタリアに来たあなたは，ナポリから南に二，三時間のところにあるヴェーリアの海沿いの村に迷い込む．その街はずれで，遺跡の発掘作業が行われていることに気づく．その遺跡を見に行くと，今ではヴェーリアと呼ばれている場所はかつてギリシャの植民地であり，哲学者パルメニデスとその弟子ゼノンがいたエレアであることを知る．発掘された浴場をぶらついて都市の壁をたどり，それからポルタ・ロサと呼ばれる門（図7.1を参照のこと）への険しい石畳の道路を登る．おそらくゼノンは，90万日前に同じ石畳をゆっくりと歩きながら，彼の有名なパラドックスを定式化したのだろう．飛行中に止まっている矢や，半分の距離そして残りの半分の半分と進みけっしてゴールにたどり着かない走者をゼノンに想像させるに至ったその土地には，何か特別なことがあったのだろうか．

　その夜，夢の中でゼノンがあなたを訪ねる．ゼノンは古代の硬貨の入った袋を携えている．その硬貨の額面は 1, 1/2, 1/4, 1/8, 1/16, ... というように続く．あきらかに，このエレアの通貨には最小単位がない．額面 $1/2^n$ の硬貨すべてに対して，額面 $1/2^{n+1}$ の硬貨がある．ゼノンの袋にはそれぞれの額面の硬貨がちょうど1枚ずつ入っている．

　ゼノンは賭博ゲームを教えてくれる．まず額面1の硬貨を脇に避けておく．この硬貨は誰のものでもなく，それぞれの試合の結果を決めるために投げることに使う．そして初めに，それぞれの賭けに使える手持ちの総額がちょうど1/2になるように残りの硬貨を山分けする．このゲームのエレア独特の部分

は，賭け金の額を決める規則である．毎回，硬貨を投げる前にあなたとゼノンはそれぞれ自分の現在の所持金を数え，賭け金はその二人の持ち分の少ないほうの半分とする．したがって，最初の賭け金は 1/4 である．硬貨を投げてあなたが勝ったとしよう．この賭け金が支払われると，あなたの手持ちは 3/4 になり，ゼノンの財産は 1/4 に減る．結果として次に賭ける額は 1/8 である．今度はゼノンが勝ったとしよう．そうすると，あなたの手持ちは 5/8 で，ゼノンの手持ちは 3/8 になり，その次に賭ける額は 3/16 である．またゼノンが勝った

図7.1：ポルタ・ロサと呼ばれる石の門は，かつては古代都市エレアの2地区を結んでいた．エレアは，今では南イタリアのヴェーリアの街があるところに近い．エレアには，量と動きのパラドックスで有名な哲学者ゼノンが住んでいた．ポルタ・ロサの主アーチのすぐ上にある一見したところ不必要な「眉」には，石積みの力の集中を分散させるといった構造上の役割があったのかもしれない．しかし，ゼノンの考え方に従えば，また別の話として語ることもできるだろう．ゼノンがこの門を設計したのであれば，地面と壁の上端の中ほどに主アーチをおき，そのアーチと上端の中ほどに2番目のアーチを，またその中ほどに3番目のアーチをおくというように続けただろう．もしかすると壁の上端付近の補修はこの設計が実現不可能であることを立証しているのではないか．

とすると，9/16 対 7/16 でゼノンがリードを奪う．

　翌朝あなたは目覚めるとこの不思議なゲームについて知りたいと考える．このゲームを限りなく続けたら，どのような結果になりやすいのだろうか．一方のプレーヤーがいつかは確実に勝つのか，それともシーソーゲームが永遠に続きうるのか．

勝てない，負けない，引き分けもない

　ゼノンのゲームのいくつかの性質を述べるのは簡単である．たとえば，賭けの過程は（投げる硬貨に偏りがないことを前提として）公平であるように見える．それぞれのプレーヤーは，それぞれの回に勝つまたは負ける確率は等しく，それによって失う額も同じである．

　このゲームが公平であることを言い換えると，それぞれのプレーヤーにとっての期待値は 1/2 ということになる．独立なゲームを多数行うと，最終的には差し引きほぼゼロになるはずだ．しかし，期待値が 1/2 であるというのは，1 回のゲームが終わったときに総額の半分をもって帰路につくことが期待できるという意味ではない．実際には，最初に硬貨を投げたあと，このゲームが引き分けに終わる可能性はない．

　しかし，あなたはけっして破産することもない．少なくとも硬貨を有限回投げるだけでは破産しない．しかしながら，残りの財産が少なくなっても，賭け金の規則によってその財産の半分よりも多くを賭けることはできない．もちろん，同じ理由によって相手も同じように保護される．あなたがすべてを失うことが起こりえないのならば，すべてを勝ち取ることも起こりえない．

　ほかにも分かることがある．夢の中のゲームでは，言及された数はすべて特徴のある形をしている．それらは，分母を 2 のべき乗とする分数である．言い換えると，それらは 2 進有理数と呼ばれる $m/2^n$ の形をした数である．この半分，4 分の 1，8 分の 1，16 分の 1 のように偏りがあるのは，この事例に特有のことなのか，それともゼノンのゲームすべてに引き継がれる規則性なのか．

　その答えは帰納的な論証から得られる．ゲームのある段階であなたの持ち分が 2 進有理数 x であり，それは 1/2 より小さいか等しいと仮定しよう．このと

き，次の回の賭け金の額は $x/2$ なので，そのあとのあなたの持ち分は $x - x/2$ か $x + x/2$ になる．しかし，$x - x/2$ は単に $x/2$ であり，$x + x/2$ は $3x/2$ である．これらの値はいずれも 2 進有理数である．同じような（だが少し面倒な）論証によって，x の値が $1/2$ より大きい場合にも同じ結果が示せる．このようにして，持ち分が 2 進有理数であるならば，そのあとはずっと 2 進有理数のままである．しかし，初期値の $1/2$ そのものが 2 進有理数なので，ゲームの中で生じうる数は $m/2^n$ の形をした分数だけである．

　この論法は実際にはもう少し強い結果を導くことができる．持ち分 $x < 1/2$ に対して，賭けによる取引の実質的な効果は x に $1/2$ か $3/2$ を掛けることである．そのいずれの場合も，分母は 2 倍になる．ゲームが進行するに従って，分母は単調に増加する．このことからの重要な帰結は，この数値処理全体は**反復**しないということだ．ゲームの過程において，けっして同じ数が 2 回現れることはない．これが，このゲームが引き分けに終わることはありえない理由の一つである．最初に硬貨を投げたあとは，けっして持ち分が $1/2$ に戻ってくることはありえない．

ゼノンと歩き回る

　ゼノンの賭けゲームの進展は，特別な種類のランダムウォークに対応する．プレーヤーの損益は，0 と 1 の間の区間での歩き手の動きによって表現される．歩き手は位置 $x = 1/2$ から出発する．硬貨を投げるごとに，次の一歩が（0 へと向かう）左か（1 へと向かう）右のいずれかに決まる．その一歩の長さは，近いほうの端点までの距離の半分である．言い換えると，その一歩の長さは $\min(x, 1 - x)/2$ である．

　このような規則に従って組み立てられたいくつかの軌跡を図 7.2 に示す．注目すべき特徴の一つは，この軌跡が明らかに区間の中央を離れて両端近くにとどまる傾向にあることだ．この挙動を少なくとも質的に理解することはそれほどむずかしくない．歩き手が中央に近いときには，その動きは高速になる（すなわち，単位時間あたり大きく進む）ので，その近辺に長い間とどまることはない．外縁部に出ていくと，歩き手は非常にゆっくりと移動するので，そこか

ら脱出するのに長い時間がかかる．あたかも歩き手は中央部では滑らかだが両端の近くでは粘つく泥沼になるような土地を移動しているようなものだ．

　もっともらしい仮説は，典型的なランダムウォークは歩き進めるに従って区間の端点の近くでより多くの時間を過ごし，いくらでも0と1に近くなるというものだ．この考えを確かめるために何千ステップものランダムウォークを追いかけてもよいが，この処理を計算機で行うには問題がある．歩き手の位置を浮動小数点を使って表すと，通常プログラムは二，三百ステップ後には歩き手は0.0か1.0に達したと報告するだろう．この結果にゼノンは驚くだろう．この問題は，浮動小数点形式の精度が有限であり非常に小さい値はゼロに丸められることである．

　この桁落ち問題に対処するには有理数で正確に計算することだが，これは扱いづらい．ゲームの150ステップ後の持ち分は次のような手に負えない分数に

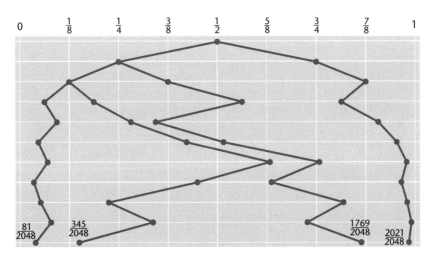

図**7.2**：ゼノンの賭けゲームでは，二人のプレーヤーはそれぞれ1/2の持ち分から始めて，公平な硬貨を投げて一連の賭けを行う．それぞれの賭けの額は持ち分の少ないプレーヤーの現在の持ち分の半分である．このゲームは，一歩の大きさが近い方の端点までの距離の半分であるような0以上1以下の区間上のランダムウォークと同値である．このようなランダムウォークの4通りの軌跡を図に示す．

なる.

$$\frac{285449538541182705265342404106190451084008 2661}{28544953854119197621165719388989990272765493248}$$

この分子と分母はいずれも 45 桁であり，その差はこれらの値の 1 兆分の 1 未満である.

ゼノンのお気に入りの数

　少数の非常に長いゲームを追跡する代わりに，多数の短いゲームの結果に関する統計情報を集めることができる．数千回の試行による標本をもとに長さ 1 から 6 までのゲームの結果の頻度を測ったのが図 7.3 である.

　（硬貨を 1 回だけ投げる）長さ 1 のゲームがとりうるのは 2 通りの結果，具体的には 1/4 と 3/4 しかなく，それらの事象の起こる確率は同程度である．硬貨を 2 回投げるゲームは 1/8, 3/8, 5/8, 7/8 の値で追われなければならず，この 4 通りもすべて同じ確率で起こる.

　面白くなってくるのは，3 回以上硬貨を投げるゲームである．硬貨を 3 回投げたあとでは，プレーヤーの持ち分（あるいはランダムウォークの歩き手の位置）は，既約分数で表すと分母が 16 であるような分数でなければならない．このような分数は 8 通りあるが，そのうちの 6 通りだけがゼノンのゲームの結果として現れる．5/16 と 11/16 は決して観測されない．その現れる 6 通りの値のうち，二つ（3/16 と 13/16）はほかの値の 2 倍よく起こる.

　硬貨を 4 回投げるゲームに進むと，さらに独特なパターンになる．この場合，すべてのゲームの値は 32 を分母とする分数でなければならない．その 16 通りの可能性のうち，実際に観測されるのは 10 通りだけで，そのなかのいくつかはほかの値の 2 倍または 3 倍の頻度で起こる．起こりやすいゲームの結果は 3/32 と 9/32（とそれに対称の位置にある 1 − 3/32 と 1 − 9/32，すなわち 29/32 と 23/32）である．これらの頻度の差は統計的な雑音の影響とするには大きすぎる.

　さらに賭けの回数が増えるに従って，このパターンはさらにいっそう顕著になる．頻度の分布における広い隙間によって，そのグラフは歯並びの悪い口元のようになる．そして，特定の数がそのほかの数よりも劇的に頻出する．長さ

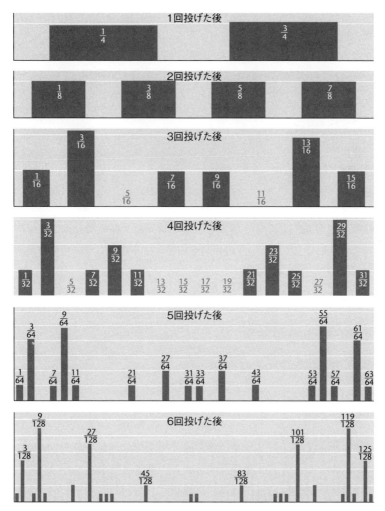

図 **7.3**：ゼノンのゲームの統計情報は，非常に短いゲームを除くとすべての結果が同じように起こるわけではないことを示している．この図は，硬貨を 1 回から 6 回まで投げたときのゲームがとりうる最終状態の実際の頻度を記録したものである．このゲームに現れうる数は 2 進有理数，すなわち $m/2^n$ の形をした分数だけである．しかし，この 2 進有理数の部分集合だけが実際に観測されている．現れる数のうち，あるものはほかのものよりも頻度が高い．とくに多いのは，分子が 3 のべき（$3, 9, 27, \ldots$）であるような数である．

6 のゲームでは，とりうる 64 通りの結果のうちの 24 通りだけが観測され，その確率の多くは 3 通りの値（とそれと対称の位置にある値）だけに集中する．その 3 通りの特別待遇の分数は 9/128, 27/128, 3/128 である．なぜゼノンのゲームはこの特定の数を特別扱いするのか．分母が 2 のべきになるのは既に説明したが，なぜゲームの頻出する結果の分子はどれも 3 のべきになるのか．これは偶然ではありえない．

ゼノンの木に登る

このようなパターンを解明するために，与えられた深さに対して可能なゲームの結果すべてからなる木を構成しようと試みた．言い換えると，初期状態 $x = 1/2$ から起こりうる 2 通りの移動を列挙し，それからそれらの位置それぞ

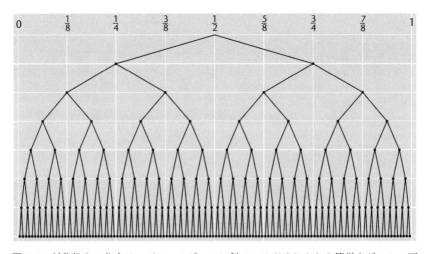

図 **7.4**：対称的な二分木は，ゼノンのゲームに似ているがそれよりも簡単なゲームの可能なすべての軌跡を表す．このゲームでは，賭け金の大きさ，すなわちランダムウォークの一歩の長さは硬貨を投げるたびに半分になる．この木にはすべての 2 進有理数が現れ，それぞれの階層においてそれらの値になる確率は等しい．この木における経路は交わったり接したりすることはない．この構造を二分木と呼ぶのは，それぞれの節点は二つの子節点をもつからである．それぞれの子節点はただ一つの親節点をもつ．

れに対して次に硬貨を投げて起こりうる2通りの結果を書き下すというように続けた.（最終的には，この計算を行ってその木を描くプログラムを書いた.）ゼノンのゲームの木の複雑な細部に立ち入る前に，一息入れてもう少し単純なモデルを調べたほうがいいだろう．そのモデルは，一歩の大きさが一歩ごとに半分になるようなランダムウォークである.（図7.4を参照のこと.）$x = 1/2$ から始めて，歩き手は右か左に1/4の距離を進み，それから1/8の距離，そして1/16の距離と続く．この種の起こりうる歩き方をすべて列挙すると，すべての2進有理数に到達するように広がる二分木になる．この二分木の枝は対称的に分岐し，それぞれの枝はほかのどの枝とも完全に孤立している．隣り合う二つの節点の子孫はいくらでも接近するがけっして接することはない．この規則に基づく賭けゲームでは，最初の硬貨を投げて勝ちさえすれば永久に優勢な立場に立つ．たとえそのあとのすべての賭けに負けたとしても，持ち分の比率はけっして1/2を下回らない．

　ゼノンのゲームの木（図7.5を参照のこと）は，整然とした二分木と同じように始まり最初の3段階はまったく同一であるが，そこから奇妙になっていく．木の下の方の階層はかなり無秩序であり，隣接する節点の間の大小の隙間や多くの交差する枝がある．とくに注目すべきは，多くの経路は分岐してまたすぐに一つになることである.（厳密に言えば，このような合流する枝のある構造は木ではない．しかし，これを木と呼び続けても不都合はないだろう.）

　ゼノンのゲームの木で起こっていることの多くは，二つの特定の部分を調べることで理解できる．その一つは，1/4の節点の下にある合流点である．一方の経路はこの節点から左に1/8進み，それから右に3/16に進む．もう一方の経路は右に3/8進み，それから左に3/16進んで，その前述の経路と合流する．これらの二つの経路が正確に同じ点に集まるという事実は，驚くべき偶然で数値が一致したのではない．これは次のような計算の結果にすぎない．

$$x - \frac{x}{2} + \frac{x - \frac{x}{2}}{2} = x + \frac{x}{2} - \frac{x + \frac{x}{2}}{2}$$

落ち着いて考えれば，結局この等式は2分の3の半分は4分の3であり，同じように半分の2分の3は4分の3であるという命題である．

　この木のもう一つの興味深い見どころは，すぐ次の3/8の節点から下に伸

びる二つの経路である．左側の枝は，すでに見たように3/16に進み，それか
らこの経路上を右に向きを変えて9/32に達する．もう一方の経路は3/8から
右に9/16へと向かう．しかしながら，次にこの経路を左に向きを変えても，
9/32からきた経路とは合流しそこねる．この枝は11/32で止まってしまうの
である．その理由は，この経路が$x = 1/2$にある木の中心線を越え，中心線の
右側にある点では0からではなく1からの距離を測るからである．この二つの
枝が合流しそこねるのは，次のようにもはや等式が成り立たないからである．

$$x - \frac{x}{2} + \frac{x - \frac{x}{2}}{2} \neq x + \frac{x}{2} - \frac{1 - \left(x + \frac{x}{2}\right)}{2}$$

　この仕掛けが木を実質的に三つの縦方向の帯域に分ける．1/3よりも左にあ

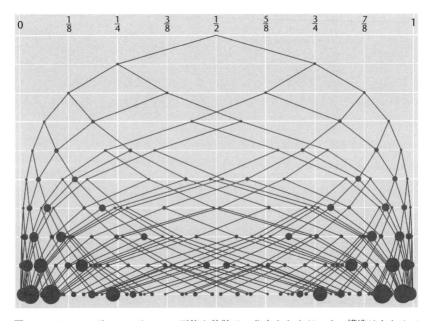

図7.5：ゼノンのゲームのすべての可能な軌跡は二分木をなすが，その構造はきわめて
不規則である．多くの枝は交差し，単一の節点が二つの兄弟節点を親とするような合流
点もある．このような再結合のために，多くの節点は木の根から複数の経路によって到
達できる．特定の節点でゲームが終了する確率はその節点に到達する経路の数に比例し，
図では節点を表す点の大きさによって示している．

るすべての点と2/3よりも右にあるすべての節点では，二つの子節点は中心線の同じ側にあり，したがって一歩の長さを計算するのに同じ規則が使われる．その結果として，これらの帯域は，端点に近づくほど細長くなるダイヤモンド形の区画から作られたかなり規則正しい格子状の構造を形作る．それとは対照的に中央の帯域では，すべての節点は中心線の右側と左側にひとつずつ子節点をもち，それらには異なる規則が適用される．その結果は無秩序である．

　この木の構造は，ゼノンのゲームの結果の統計的分布についてなされた見解のいくつかを理解しやすくする．たとえば，単純な数え上げによっても，この分布における隙間の存在が説明できる．二分木のすべての節点は二つの子節点への枝をもつので，木のそれぞれの階層で節点の数は2倍になり，すべての2進有理数に到達するのに辛うじて足りる．しかし，複数の節点からの枝が同じ子節点に集まれば，その木には現れない節点がなければならない．（もし私に子供が二人いて，私の配偶者にも子供が二人いたとしても，必ずしも私たちに4人の子供がいるということを意味しない．）

　数え上げによって，ゲームのいくつかの値はほかの値よりもよく起こる理由，たとえば，3/16は1/16の2倍よく起こる理由も分かる．ゼノンのゲームで対戦することを，（第0階層の）根から出発してある最終節点にまで下がり続けるような木の中の経路をたどることだと考えよう．経路の途中にある節点それぞれでは，等確率で右か左に進む．単純な二分木では，与えられた階層にあるすべての節点がこの手続きによって等確率で得られる．具体的には，第3階層にある8個の節点それぞれに到達する確率は1/8である．しかしながらゼノンの木では，二つの異なる経路がともに第3階層の3/16にある節点に至る．この節点に2通りの方法で達することできるので，そこに達する確率は2倍になる．

　ゼノンの木からいくつかのちらかって不規則な部分を除くと，この経路を数え上げる分析をもっと明確に理解できる．ゼノンの木の左半分に使われる規則をすべての場所に適用して，ランダムウォークの一歩の大きさが常に$x/2$であるとしよう．これに対応する木は，経路を簡単に数えることのできる均一な格子の構造になる．（図7.6を参照のこと．）すべての節点には二つの親節点があり，その節点に達する道の数は，単純にその親節点に達する道の数の和であ

る．この木の節点に添えられた道の数に見覚えがあるかもしれない．それらは
パスカルの三角形の構成要素に対応する．

　このゼノンの木を整理した構造には，ほかにも注目に値することがある．こ
の格子に現れるすべての数はすべて $3^m/2^n$ という特定の形をとるのである．
したがって，その分子は数列 1, 3, 9, 27, 81,... から取り出したもので，分母
は今やお馴染みの等比数列 2, 4, 8, 16, 32, ... になる．これらはゼノンのゲー
ムにおいて平均よりも高い頻度で現れる数そのものであり，その理由は明ら
かである．もっとも道の数が多い節点は格子の中央に縦に並び，3/32, 9/64,
27/256 のような数が極端に頻出するという観察結果を裏付ける．

　もちろん，本当のゼノンの木はこれほど整ってはいない．格子は中心線の反

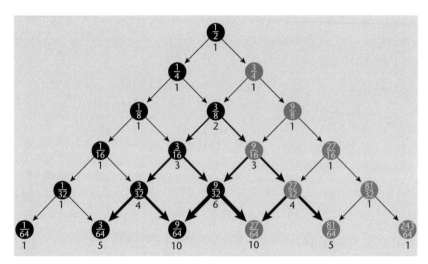

図 7.6：ゼノンのゲームの木を単純化し規則正しくしたものは，合流点がいかに木の中
の経路の数や節点に達する確率に影響するかを示している．この木は，その一歩の長さ
が常に x の半分であるようなランダムウォークに対応している．（矢印の太さと白抜き
で示した数によって示した）それぞれの節点に達する経路の数は，もっとも起こりやす
い節点が中央にあるようなパスカルの三角形として知られるパターンを作り出す．本当
のゼノンの木における経路の数え上げでは，右側の灰色の節点がその木には存在しない
ためこの値とは異なる．

対側にある二つの節点の間で引き裂かれている．中心線をまたぐこれらの事象の結果として，分子に3以外の素因数が現れる．木のある部分では，これらの節点だけで密かに形作られる格子を見ることができる．このように単純化された格子から計算された確率はせいぜい近似にすぎない．

中心線での転機

これがゼノンの賭けゲームに関して私が答えられるすべてである．しかし，これで問題が尽きてしまったわけではない．さらに次のような三つの問題がある．

まず，ゼノンの木に含まれる数の集合は，存在しうるすべての数との割合で測ったとき，どれほど詰まっているのだろうか．第 n 階層には全部で 2^n 個の2進有理数があるが，この中のどれだけの割合がゼノンの木に現れるのだろうか．そして，その割合が n が増加するに従ってどのように遷移するのか．最初の3階層では，すべての2進有理数が含まれているので，この割合は1である．それから，この割合が3/4から5/8になり1/2になり3/8になるというように等差数列で急減する．あきらかにこの等差数列がそのまま続くことはない．そうでなければ，さらに3段階進むと木は完全に消え失せてしまうからである．そして，たしかにその傾きは緩やかになる．この数列の次の4項は，9/32, 13/64, 19/128, 7/64 となる．この時点で，木のそれぞれの階層には現れうる数の約10分の1しか含まれない．n が無限大に向かうとこの密度はゼロに近づくというのが妥当な推測のように思われる．計算機による一連の実験によって，カール・ウィッティはゼノンの木に現れる2進分数の割合が木のそれぞれの階層で約0.72倍に減少することを見つけた．

つぎに，ゼノンの木にどれほどの構造を見出すことができるだろうか．この問いをもっと具体的にして，木の特定の階層において実数直線上のある特定の値に対するもっともよい近似を与える節点を求めたいとしよう．標準的な二分木では，これは簡単である．木の根からこの値にもっとも近い節点までの経路を記述するような，右と左からなる系列を指定することができる．ゼノンの木では，しらみつぶしで探すこと以外にどのようにしてこのような経路を見つけ

ればよいか明らかではない.

　最後に, まだ大きな問題がある. このゲームをいくらでも長く続けられると
したら, 一方のプレーヤーが優位に立ち, それをいつまでも保ち続けることに
なるか. それとも, シーソーゲームを繰り返すのか. ランダムウォークの言葉
で言えば, 歩き手は中心線の一方の側から抜け出せなくなるのだろうか. それ
とも, 中心線を越えて何度も行ったり来たりするのだろうか. 歩き手は常に中
心線に戻ってくることができる. 必要なのは, 十分長く連続して正しい方向に
歩を進めることだけである. しかしそれは, 必ずしもステップ数が限りなく大
きくなったときにゼロよりも大きい確率でそのような事象が起こるということ
ではない.

　この点に関する実験結果には疑問の余地がわずかに残る. 10,000 ステップ
のランダムウォークにおいて, そのおおよそ半分はまったく中心線を越えるこ
とはない. 歩き手は最初に左か右のいずれかに向かって進み出し, もう一方の
側にけっして立ち入ることはない. 中心線を越えるランダムウォークにおいて
も, 最後に中心線を越えたことが観測されたのは通常最初の 10 ステップ以内
である. 私が見たなかでもっとも遅く中心線を越えたのは 101 ステップ目であ
る. 10,000 ステップ以降で, もう一度中心線を越える確率は明らかにきわめて
小さい. しかし, ステップ数が無限大になるに従ってその確率はゼロに近づく
のだろうか.

　私自身ではこの問いに答えることはできなかった. しかし今はオースチンの
テキサス大学にいるスコット・アーロンソンは, はるか未来の運命がもっと簡
単に定まるもっと単純なプロセスとゼノンのランダムウォークが極限において
同じ振る舞いをすることを手短に示した. この単純化されたモデルでは, 歩き
手は等確率で中心線に向かって 1 歩進むか, 中心線から遠ざかるように C 歩進
む. この定数 C は, 1 より大きければどんな数でもよい. この中心線から遠ざ
かる動きを助長する不公平さによって, アーロンソンのランダムウォークは中
心線からいくらでも遠ざかることができる. 出発点に戻ってくる確率は指数関
数的に減少し, ステップ数が増加するに従って極限値である 0 に近づく. この
モデルはたとえば歩き手は有限区間ではなく数直線全体を歩き回るというよう
にゼノンのランダムウォークと細部に大きな違いがあるが, 極限での確率は同

じになる．

ゼノンの壺を探し求めて

　確率論の文献には，ゼノンのプロセスを解明するかもしれないほかのモデルが山ほどある．博識な友人は，とくに壺モデルと強化ランダムウォークという二つの分野に目を向けさせてくれた．ゼノンのゲームと同型であると認めうるモデルを論じたものは見つけられなかったが，その過程でいくつかの興味をそそる書き物を見つけた．

　壺モデルは，パワーボールくじの18世紀の祖先である．容器の中でたくさんの玉を混ぜて，それを一つずつ取り出す．とくに関連するのは，1920年代にジョージ・ポリアが研究し，のちにバーナード・フリードマンやデヴィッド・A. フリードマンなど，そしてもっと最近ではロビン・ピーマントルも研究したモデルのクラスである．その一つの形では，最初は壺に白玉一つと黒玉一つが入っている．そして，壺から1個の玉を無作為に引くたびに，その玉はそれと同じ色の追加の玉とともに壺に戻される．この処理を何回も繰り返すと，黒玉と白玉の比率はある一定の値に落ち着くだろうか，それとも変動し続けるだろうか．その答えは，これを長く続けるとその比率は安定した値に近づくが，その値そのものは無作為な値であるというものだ．この実験をもう一度行うと，異なる値になる．

　強化ランダムウォークは，パーシ・ダイアコニスによって考案され，ピーマントルによっても研究された．その考え方は，ネットワークの中の節点から節点へと無作為に渡り歩く歩き手を見張るというものだ．ある節点を訪れると，次に歩き手がその近くにいるときにその節点を選ぶ確率が増大する．そこで問われるのは，歩き手は永遠にグラフ全体を自由に歩き回ることができるのか，それともなんらかの局所的な範囲に閉じ込められるのかということだ．その答えは，詳細に依存するように思われる．（整数を割り当てた数直線のような）1次元の格子上では，歩き手は5個の節点からなる領域から抜け出せなくなる．しかし，節点そのものではなく節点をつなぐ辺に確率を割り当てるという変形では，歩き手はそのような範囲に閉じ込められることなく，すべての節点を無

限回訪れることができる．2次元の無限格子上での歩き手の運命は分かっていない．

　ゼノンのゲームは，これらのモデルと同じ一般的なクラスに属する．ゼノンのゲームには明示的に確率を強める仕組みは含まれていないが，間接的に正のフィードバックを行う形になっている．なぜなら，中央から離れたところでの移動は一歩の大きさが小さくなり，それによって中央に戻るのが難しくなるからである．おそらく，ゼノンのゲームの過程は，知られている研究との対応がもっと明確になるように再定式化できるだろう．しかし，このようなモデルの解析は繊細な手仕事である．答えに近づくたびに，その問題は少しだけ向こうへと移動しているように思われる．

第 8 章
高精度算術

2008 年，米国の借金時計がその桁を使い切った．ニューヨーク市のタイムズスクエアの近くの壁に掲げられた広告看板サイズの表示盤は，公債が 10 兆ドルすなわち 10^{13} ドルに達して桁溢れした．この危機は，ドル記号のあった場所にもう一桁詰め込むことで解決された．これを執筆している 2016 年末には，負債総額は 20 兆ドルに近づいている．

この借金時計の出来事は，数十億にまだ強い印象を与える力があった去る 1980 年代の，リチャード・ファインマンによるコメントを思い出させる．

> この銀河には 10^{11} 個の星がある．かつてそれは莫大な数であった．しかし，それは 1000 億でしかなく，この国の財政赤字額よりも小さい！ かつてこれらを天文学的数値と呼んだが，今や経済学的数値と呼ぶべきである．

ここで重要なのは，巨額の金融取引が自然科学に追いついたということではない．日常生活の至るところで遭遇する数が着実に大きくなっているということだ．計算機技術もまた急速な数値の高騰を招いている領域である．データ記憶域の容量はキロバイトからメガバイト，ギガバイト，テラバイト（10^{12} バイト）へと進んだ．スーパーコンピューターの世界では，最新技術はペタ規模計算（毎秒 10^{15} 演算）と呼ばれ，エクサ規模（10^{18}）への移行についてもよく話題になる．そのあとには，ゼタ規模（10^{21}）やヨタ規模（10^{24}）も到来しようとしていて，そうなると桁を表す前置詞が尽きてしまう．

　これらの数でさえも，純粋数学の桁外れの創造物に比較すればちっぽけなものである．18世紀に知られていた最大の素数は10桁であった．現在の最高記録は2200万桁に及ぶ．πの値は1兆桁まで計算されている．これは壮大であると同時にきわめて退屈な偉業である．数学のそのほかのところにも，その大きさを記述しようとするだけでも大きすぎて記述できない数が必要になるような数がある．もちろん，これらの数は小切手帳の帳尻を合わせるといった日々の雑用に登場するようなことない．その一方で銀行のウェブサイトにログインすることは，2^{128}，すなわち10^{38}程度の数を用いた算術演算が行われている．（暗号プロトコルの水面下で行われる計算は，プライバシーとセキュリティーを保証することを意図している．）

　これがこの本章の主題につながる．このような目を眩ませる数字の並びは，計算機ハードウェアやソフトウェアの設計に対する課題を提示する．計算機も米国の借金時計のように数の大きさに対して動かしがたい制限を課す．日頃の計算がこれらの制限にぶつかり始めたら，数値の形式やアルゴリズムを再考するときである．50年以上もの間，ほとんどの数値計算には浮動小数点演算と呼ばれる技術が用いられてきた．それがなくなることはないが，天文学的，経済的，数学的な数を計算するには別のやり方を使う余地があるかもしれない．

数値の楽園

　デジタル計算機ではない本来の環境では数に上限はなく，いくらでも大きくなれる．実数直線に沿って無限に多くの整数や自然数がある．二つの整数の間には，3/2や5/4などの無限に多くの有理数がある．二つの有理数の間には，$\sqrt{2}$やπなどの無限に多くの無理数がある．

　このような実数は算術演算を行うための楽園である．実数を使っていれば，ゼロで割り算できないというような数少ない単純な規則に従うだけで，けっして道を外れることはない．実数は安全で閉じた世界を形作る．実数のどのような集合から始めたとしても，一日中それらを足したり引いたり掛けたり，ゼロ以外で割ったりしても，その結果はいつも実数である．地割れに滑り落ちたり境界線の外に出たりする危険はない．

残念ながら，デジタル計算機はこの楽園から外に出たところにしか存在しない．そこでは，算術演算は信用できない処理である．単純に数え上げるだけでも厄介事に巻き込まれることがある．計算機では，1をどんどん足していくといつかは最大の数に達するが，そんなものは数学では見たこともない．その限度を超えて押し進めようとすると，何が起こるかわからない．最大の数の次の数は最小の数かもしれないし，∞ に分類される何かかもしれない．あるいは，計算機が警告音を発したり煙をあげて壊れてしまったりするかもしれない．

これは無法地帯である．実数直線上では，常に結合則 $(a+b)+c = a+(b+c)$ のような原理が使える．計算機による算術演算では，この結合則が成り立たないものもある．（$a = 10^{30}$, $b = -10^{30}$, $c = 1$ を試してみるとよい．）そして，計算が無理数を含むときには，なんと無理数はデジタル世界にはまったく存在しないのである．無理数は，それらがそうではないと定義されたまさしく有理数そのもので近似しなければならない．その結果として，$(\sqrt{2})^2 = 2$ のような数学的な等式を当てにすべきではない．

多倍長整数

数学的な考え方にきわめて近い種類の計算機の算術演算は，計算機の記憶容量だけを制限とする任意の大きさの整数や有理数の計算である．この任意精度演算では，整数はビットの長い列として格納され，いくらでも必要とする領域を埋め尽くす．有理数はこのような整数の対で，それぞれが分母，分子と解釈される．

真空管時代以来，初期のわずかな計算機は任意の大きさの整数に対して算術演算を行う組み込みハードウェアをもっていた．しかし，洗練された現代の機械ではその機能が失われているので，その処理はソフトウェアによって組織化されなければならない．二つの整数を足し合わせるのは，筆算のアルゴリズムが数字の対の和をひとつずつ求め次の列に繰り上がりがあれば伝搬させるのとほぼ同じように，最下位ビットから始めて右から左へと1ビットずつ進められる．ビット列をその機械のレジスタの大きさ，典型的には32ビットや64ビットのブロックに分割するのが常套手段である．同じような考え方を掛け算と割

り算のアルゴリズムにも用いる．有理数に対する演算では，さらに分数を既約分数に約分するという処理も必要になる．

　整数と有理数を越えた先を見ると，正確な計算に無理数を含めるための努力もあった．もちろん，有限の機械で π や $\sqrt{2}$ の完全な値を表すのは無理である．しかし，プログラムは，必要になった桁を供給するためにその値を少しずつ計算できる．これは遅延計算として知られている．たとえば，$\pi < 3.1414$ という主張は，π の10進小数の最初の5桁を生成することにより確かめて，それが偽であると示すことができる．また別のアプローチは，無理数の値を計算せずに単位として扱うというものだ．計算の間は最初から最後まで無理数を記号としてもって回り，その結果として単位半径の円の周長は単に 2π によって与えられることになる．

　任意精度演算の大きな長所は正確さである．計算機が答えを出したのであれば，それは（バグやハードウェア障害がなければ）正しい答えということになる．しかし，これには代償を払わなければならない．まったく答えが得られないかもしれないのである．プログラムは記憶領域を使い尽くすかもしれないし，人間の根気や寿命が尽きてしまうほど長い時間がかかるかもしれない．

　ある計算では正確さが重要であり，任意精度演算が唯一の適切な選択肢である．百万桁の素数を探すのであれば，常に最後の桁まで調べなければならない．同じように，ウェブ・ブラウザの暗号モジュールは暗号鍵の正確な値を扱わなければならない．

　しかしながら，そのほかの種類の多くの計算では，正確さは必要でもなく役にも立たない．抵当権付き住宅ローンの利息を計算するのに正確な有理数の算術演算を用いると小数点以下数百桁まで正確な手に負えない分数が得られるが，1ペニー単位での答えが分かれば十分だろう．多くの場合に，計算の入力は上位二，三桁より下は正確ではない物理的な測定から得られたものである．これらの測定に対して正確な計算を気前よく使っても，結果がその測定以上に正確になることはない．

浮動小数点

　計算機の算術演算の多くでは，多倍長整数や正確な有理数ではなく，32 ビットや 64 ビットのように一定の大きさに制限された数が使われる．ハードウェアはこのすべてのビットを同時に操作するので，非常に速く演算ができる．しかし，容赦のない法則がこのような固定サイズの数値形式すべてを支配する．数が 32 ビットで表されているのならば，たかだか 2^{32} 通りの値しかとることができない．2^{32} 通りの値としてどれを含めるか選べるかもしれないが，その集合の大きさを増やす方法はない．

　32 ビットの数についての分かりやすい対応付けの一つは，2^{32} ビットのパターンに 0 から 4,294,967,295（すなわち $2^{32} - 1$）までの整数を割り当てるというものだ．同じ幅の整数を数直線に沿って移動させることもできるし，増分を細かくしてもっと小さな数値範囲（もしかしたら 0.00 から 42,949,672.95 まで）を扱えるように値を縮小したり，値がもっと広い範囲にわたってまばらに散らばるようにしたりもできる．この形式で行われる算術演算は固定小数点演算として知られている．なぜなら，与えられたクラスのすべての数で小数点の位置は同じだからである．

　かつては固定小数点演算が数値計算の主流であり，高速信号処理などいくつかの応用ではまだ使われている．しかし，現在では大勢を占める形式は，幅広い大きさの数を表すために小数点の位置が動く浮動小数点である．浮動小数点形式は，科学的記数法と同じ考え方に基づいている．大きな数を 6.02×10^{23} と簡潔に書くことができるように，浮動小数点形式は数を仮数部（この例では 6.02）と指数部（この例では 23）という二つの部分に分けて格納する．

　浮動小数点形式を設計することは，必然的に範囲と精度に妥協を強いる．（図 8.1 を参照のこと．）仮数部に 1 ビットを割り当てるごとに精度は 2 倍になるが，そのビットは指数部からもってこなければならないので，結果として範囲が半分に減る．32 ビットの浮動小数点数に対して，広く使われている標準では仮数部 23 ビットと指数部 8 ビット，そして仮数部の符号として予約された 1 ビットと定められている．表現可能な数の範囲は 2^{-126} から $(2 - 2^{-23}) \times 2^{127}$ までで，この最大の数は 10 進表記では約 3×10^{38} である．標準の 64 ビット浮

動小数点数は仮数部に 52 ビット，指数部に 11 ビットが割り当てられていて，約 10^{308} までの範囲を表すことができる．

　浮動小数点演算の考え方は，計算機時代の初期にまで遡り，コンラッド・ツーゼによる 1940 年ごろの先駆的な電気機械式計算器に始まる．浮動小数点のハードウェアは初期の一部の汎用計算機には追加で装備されていたが，それらの実装は少しずつ異なっていた．それが広く採用される原動力となったのは，1985 年に米国電気電子学会（IEEE）が承認した標準の起案であった．この取り組みは，カリフォルニア大学バークレー校のウィリアム・カハンによって主導された．今でもカハンは，この技術を強力に支持しつづけている．

　浮動小数点のアプローチに対する初期の批判は，効率や複雑さを心配するものであった．固定小数点演算では，多くの演算は単一の機械語命令に帰着させることができるが，浮動小数点の計算ではもっと多くの機械語命令を要する．まず仮数部と指数部を取り出さなければならず，それからそれぞれの部分を別個に演算し，そして四捨五入と桁揃えをしたら，最後にそれらの部分を組み立

単精度
±指数部　仮数部
| 8 | 23 |

範囲: $\sim 10^{38}$　精度: $\sim$ 十進7桁

倍精度
±指数部　仮数部
| 11 | 52 |

範囲: $\sim 10^{308}$　精度: $\sim$ 十進15桁

4倍精度
±指数部　仮数部
| 15 | 112 |

範囲: $\sim 10^{4932}$　精度: $\sim$ 十進34桁

図 8.1：浮動小数点数は科学的記数法を連想させる．数値は仮数部，指数部，そして符号ビットによって表現される．現在の標準に含まれる3種類の浮動小数点形式は，それぞれ 32, 64, 128 ビットの幅をもつ．たとえば，「単精度」形式は，符号に1ビット，指数部に8ビット，仮数部に23ビットを割り当てる．

て直す．

　これらの懸念に対する答えは，浮動小数点アルゴリズムをハードウェアで実装することであった．IEEE 標準が承認される前でさえ，インテルは初期のパソコン用に浮動小数点コプロセッサを設計した．のちの世代のハードウェアは，浮動小数点ユニットをメインプロセッサに組み込んだ．プログラマーの観点からは，浮動小数点の算術演算は基盤の一部になったのである．

安全な計算

　浮動小数点演算を単に計算機による実数演算であるかのように考えがちである．この考え方は，浮動小数点の変数を **real** と宣言するプログラミング言語によって助長された．しかし，浮動小数点数は実数ではない．せいぜい無限の実数直線に対する有限のモデルを提供するだけである．

　実数とは異なり，浮動小数点の世界は閉じた体系ではない．二つの浮動小数点数を掛けると，その積，すなわち実数の演算で計算された**本当**の積は，浮動小数点数でない可能性が高い．ここから 3 種類の問題が生じる．

　1 番目の問題は丸め誤差である．二つの浮動小数点の値の間にある数は，浮動小数点で表現可能なもっとも近い数のいずれかに移すことで丸められなければならない．その結果として失われる正確性は通常わずかであり取るに足らないが，状況が重なると数値による大惨事を生じることがある．とくに危険な演算は大きな量から別の大きな量を引くことで，このわずかな差によって上位の桁すべてが一掃されうる．数値解析の教科書では，いかにしてこのような事態を防ぐよう気をつけるかを忠告することに重きを置いている．ほとんどの場合，それは「やってはいけない」ということになる．

　2 番目の問題は，数が限界を超えてしまったときのオーバーフローである．IEEE 標準では，この状況に対して 2 通りの対応を許している．計算機は計算を止めてエラーを報告するか，そうでなければ，その大きすぎる数を特別な目印である「∞」で置き換えてもよい．後者の選択肢は，たとえば $\infty + 1 = \infty$ のように数学的な無限大の性質を模倣するように設計されている．この挙動のせいで，浮動小数点の無限大はすべてを吸い込むブラックホールである．いっ

たん無限大に足を踏み入れたら，そこから出る方法はない．そして，どこから来たかについての情報はすべて消滅してしまう．

　3番目の厄介な問題は，小さすぎて表現できない数が0に潰れるときのアンダーフローである．実数の算術演算では，1/2, 1/4, 1/8, ... のような数列はどこまでも続きうるが，有限の浮動小数点体系ではゼロでない最小の数がなければならない．表面上は，アンダーフローはオーバーフローほど深刻ではないように見える．結局，計算機がゼロと区別できないほど小さくなった数を，完全なゼロにしたとしてもどんな害があるというのか．しかし，この考え方は誤解を招きかねない．浮動小数点数の指数の空間では，たとえば2^{-127}とゼロの距離は，2^{127}と無限大の距離とまったく同じなのである．現実問題として，アンダーフローは数値計算における失敗の原因としてよく起こる．

　丸め誤差，オーバーフロー，アンダーフローの問題は，どのような有限の数体系においても完全に避けることはできない．しかしながら，それらの問題はもっと多くのビットを投入することによって，すなわち精度が高く広い範囲を扱える形式を採用することによって改善できる．これは，2008年に承認されたIEEE標準の改正でとられたアプローチである．その標準には2^{16383}，すなわち約10^{4932}までの数を保持でき，精度が約10進34桁にまで増加した128ビットの浮動小数点形式が含まれている．（しかし，この4倍精度形式を直接扱うハードウェアはまだ広く利用可能なわけではない．）

漸減浮動小数点と対数記法

　今までのところ，IEEEの浮動小数点法は定着しており，計算機で算術演算を行う唯一の方法のように思われることが多かった．しかし，長い年月の間に多くの代わりとなる選択肢が論じられてきた．（図8.2を参照のこと．）ここでは，そのうちの二つを簡単に説明し，3番目のアイデアをもう少し詳しく調べる．

　提案された最初の一群は，浮動小数点の置き換えというよりも改善と見たほうがよいだろう．その考え方は，精度と範囲の間の妥協点を調整可能なパラメータにするというものだ．計算に非常に大きな数や非常に小さな数が必要で

ないならば，より多くのビットを仮数部に割り当てることができる．ほかのプ
ログラムは，より広範囲の指数部を手に入れるために精度を犠牲にしたいかも
しれない．このような柔軟性を可能にするためには，数ビットを使って，残り
のビットがどのように割り当てられているかを把握する必要がある．（もちろ
ん，このような台帳管理のビットは，それによって指数部や仮数部として利用
することはできなくなる．）

　この種の方式は，漸減浮動小数点と呼ばれ，当時ベル研究所にいたロバート・
モリスが1971年に提案した．10年後に，東京大学の松井正一と伊理正夫や日
立製作所の浜田穂積によりもっと精緻な案が発表された．2006年には，アリ
ゾナ州立大学のアラン・フェルドシュタインとクラークソン大学のピーター・

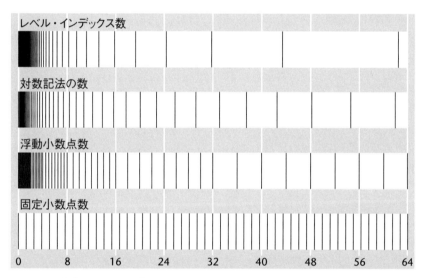

図 8.2：計算機の数体系の「スペクトル」は，実数直線に沿って数がどのように分布し
ているかを示す．固定小数点数は均一な間隔で配置される．浮動小数点数では，2のべ
きが一つ大きくなるごとに密度は半分になる．対数で表された数では密度がなだらかに
減少する．レベル・インデックス数も同様であるが，その密度の勾配はもっと極端であ
る．ここに示したスペクトルは，精度が数ビットだけのミニチュア版の数体系に基づい
ている．

R. ターナーは，オーバーフローやアンダーフローの恐れがあるときを除いて
従来の浮動小数点体系とまったく同じように動く漸減方式を示した．そして，
ジョン・L. グスタフソンは，unum 形式と呼ばれる数値の表現方式を提案し
た．unum 形式では，仮数部と指数部の大きさだけでなく，それらの大きさを
指定する領域の大きささえ調節することができる．（グスタフソンは，とても
期待させる *The End of Error* という表題の本でそのアイディアを発表した．）

　浮動小数点体系に代わるもう一つの選択肢は，数をその対数で置き換えるも
のだ．たとえば，この案の 10 進版では，$10^{2.87564} = 751$ なので，751 という
数は 2.87564 と格納される．この案は思ったほど過激な変更ではない．なぜな
ら浮動小数点はすでに準対数記法，すなわち浮動小数点数の指数部は対数の整
数部分であるからである．このようにして，この二つの形式は実質的に同じ情
報を記録している．

　この体系がそれほど似ているのならば，対数による代替案によって何が手
に入るのか．その動機は，対数が最初に発展したのと同じところにある．対数
は，足し算と引き算に帰着させることによって掛け算と割り算を楽に行うこと
ができる．正の数 a と b に対して，$\log(ab) = \log(a) + \log(b)$ である．一般的
に，掛け算は足し算よりも多くの仕事が必要になるので，この置き換えは純利
益である．しかし，逆の見方をすることもできる．対数は掛け算をやりやすく
するが，足し算を難しくする．$\log(a)$ と $\log(b)$ だけが手元にあるときに $a + b$
を計算するのは簡単ではない．このため対数演算は，主として掛け算が足し算
よりも多いような画像処理などの専門領域において魅力的な代替案である．

レベル・インデックス体系

　ここで紹介したい 3 番目の方式は，オーバーフローの問題を解決する．数体
系の範囲を最大化しようとするならば，自然に思いつく発想は単なる指数を指
数の積み重ねに置き換えることである．2^n では必要とするほど十分に大きな
数を作りだせないならば，

$$2^{2^n} \text{ あるいは } 2^{2^{2^n}} \text{ あるいは } 2^{2^{2^{2^n}}}$$

を試してみる．（このような式にどんな数学的利点があろうとも，印刷する際には悪夢のような状況である．そこで，ここからはスタンフォード大学のドナルド・E. クヌースが考案した次のようなもっと便利な記法を採用する．$2\uparrow2\uparrow2\uparrow2\uparrow n$ は，前述の3種類の2のべき乗の積み重ねの最後のものと同値である．べき乗の積み重ねが上から下へと評価するのと同じように，この記法は右から左へと評価する．）

べき乗の繰り返しに基づく数体系は何度か提案されたことがある．たとえば，松井と伊理や浜田によっても言及されている．しかし，レベル・インデックス体系と呼ばれるその考え方の一つの変形は，とても注意深く熟考された分析によってよい結果を出したので，もっと注目に値する．レベル・インデックス演算は計算機科学の失われた逸品である．その方式は読者のノートPCのCPUに作り込まれていないかもしれないが，忘れ去られるべきではない．

この方式は，1940年代に英国の国立物理学研究所で（アラン・チューリングとも）当初一緒に働いていたチャールズ・W. クレンショーとフランク・W. J. オルヴァーにより考案された．彼らは1980年代にレベル・インデックスの考え方を提案し，何人かの同僚とこの主題について一連の論文を書いた．その同僚の中には，今ではアメリカ国立標準技術研究所（NIST）にいるダニエル・W. ロジアや，ピーター・R. ターナーもいた．（クレンショーは2004年に，オルヴァーは2013年に亡くなった．）

べき乗の繰り返しは，どんな数を基数としても構築できるが，多くの提案では基数として2や10を重視している．クレンショーとオルヴァーは，通常は自然対数の底や複利計算 $(1+1/n)^n$ の極限値として説明される無理数 e を基数とするのが最良であると述べている．e の値は約 2.71828 である．無理数を基数として数を作り上げるという考え方は，慣れるまでに少し時間がかかる．正確な表現をもつ数はほぼすべて無理数であるというのがその理由の一つである．例外は0と1だけである．しかし，そのような数を構成するのに理論的な難しさはなく，基数に e を選ぶのにはそれ相応の理由がある．

レベル・インデックス体系では，数は $e\uparrow e\uparrow\cdots\uparrow e\uparrow m$ という形の式で表現される．ただし，この右端の m は対数の仮数と同じような小数で表される量である．上向き矢印の個数，すなわち積み重なったべき乗の高さは，表現し

ようとしている数の大きさに依存する.

　正の数をレベル・インデックス形式に変換するには，まずその数の対数をとり，それからその対数の対数をとるというように，結果が0と1の間になるまで対数をとることを繰り返す．対数演算を何回続けたかを数えたものがレベル・インデックス表現のレベル部になる．そして，結果として得られた小数が前述の式におけるmの値，すなわちインデックス部になる．この処理は，次の関数 $f(x)$ によって定義される.

```
if 0 ≤ x < 1
  then f(x) = x
  else f(x)= 1 + f(log(x))
```

この手順を米国の借金額に適用すると次のようになる.

$$\log(19{,}862{,}390{,}036{,}870) = 30.619848$$
$$\log(30.619848) = 3.4216485$$
$$\log(3.4216485) = 1.2301224$$
$$\log(1.2301224) = 0.2071137$$

対数をとることを4回繰り返したのでレベルは4であり，残った小数の値がインデックスになる．このようにして，米国の借金のレベル・インデックス形式は4.2071137になる．（これは，19,862,390,036,870ドルほど悲観的には見えない．）

　レベル・インデックス体系は非常に大きな数を収容できる．レベル0は0から1までの数，レベル1は e までのすべての数を含む．レベル2では $e{\uparrow}e$，すなわち約15.2にまで広がる．これを越えるとその増加率は急勾配になる．レベル3では $e{\uparrow}e{\uparrow}e$，すなわち約3,814,273にまで上昇する．レベル4にまで上昇を続けると，レベル・インデックス値が約4.63である最大の64ビット浮動小数点数をあっという間に追い越す．レベル4の上限は10進で160万桁の数である．さらに高みに登ると，その大きさを記述することさえもどうしようもなく非現実的な数の領域に連れていかれる．すべての識別可能なレベル・インデックス数を表現するのにレベル7まであれば十分である．したがって，レ

ベルにはたった3ビットを充てるだけで足り，残りのビットはインデックスに
使うことができる．

　反対側の端，すなわち非常に小さい数の刻みではどうだろうか．レベル・イ
ンデックス体系はこの領域における多くの目的にも適している．しかし対称レ
ベル・インデックスと呼ばれる変形は，ゼロに近いところでもっとよい精度を
提供する．この方式では，0と1の間の数xは$1/x$のレベル・インデックス表
現により表される．

　その広い範囲以外にも，レベル・インデックス体系はいくつかの特徴的な性
質をもつ．その一つは滑らかさである．浮動小数点数では，隣り合う数の大き
さのグラフはいくつかの直線をつなぎ合わせたもので，それぞれの2のべきに
おいて突如として傾きが変わる．（図8.3を参照のこと．）

　それに対応するレベル・インデックス体系のグラフは滑らかな曲線である．
べき乗の繰り返しでは，これは基数がeのときにだけ成り立つ．これがeを基
数に選んだ理由である．

　オルヴァーは，レベル・インデックス演算は実数の演算と同じように閉じた
体系であることも指摘した．どのようにしてそうなりうるのか．レベル・イン
デックス値は有限なので，その集合には最大の数がなければならない．そし
て，足し算や掛け算を繰り返すといつかはその限界を超えてしまう．この論法
を否定はできないが，この体系は実際にはオーバーフローしないことが分か
る．オーバーフローする代わりに，次のようなことが起こる．数xから始め
て，足し算または掛け算によってもっと大きなxを新たに作る．このxはもっ
とも近いレベル・インデックス値に丸められる．xが非常に大きくなるに従っ
て，使うことのできるレベル・インデックス値はまばらになる．ある時点で，
隣り合うレベル・インデックス値の間隔が足し算や掛け算によって生じるxの
変化よりも大きくなる．それ以降続けて繰り返し作り出されるxは同じレベ
ル・インデックス値に丸められる．

　これは有界でない演算の完全なモデルではない．とくに，この処理は可逆で
はない．長く連続した$x+1$演算のあとに同じ回数だけ$x-1$を行っても，実
数直線上とは異なり出発点には戻ってこない．それでも，その数直線の端にあ
る境界は，有限の体系にあるような境界と同じく自然なものにみえる．

数体系の刷新

　IEEE 浮動小数点の限界を超える演算が真に必要なことがあるのだろうか．
正直に言えば，出力が 10^{38} より大きい数であるようなプログラムをほとんど
書いたことがない．しかし，これで話はおしまいとはならない．

　入力と出力がそれほど大きくないようなプログラムだとしても，途中で思

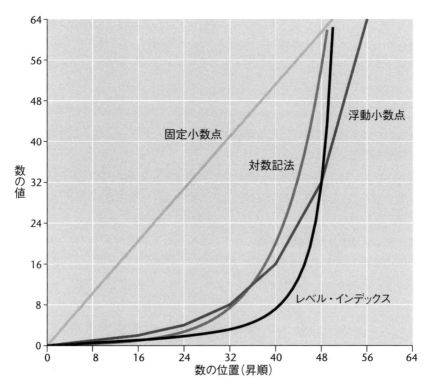

図8.3：数体系のスペクトルを別の見方をすると，昇順に並べた数の列における位置の
関数として数の大きさがどのように増大するかを示している．均一な間隔をもつ固定小
数点数では，その関数は直線であるが，そのほかの数体系では下に凸な曲線（あるいは
浮動小数点の場合にはいくつかの直線をつなぎ合わせた折れ線）になる．レベル・イン
デックス体系では小さな数の密度がもっとも高く，大きい数に対してはその増加率が
もっとも急勾配になる．

いがけず大きな値を生成するかもしれない．偏りのない硬貨を 2,000 回投げて表をちょうど 1,000 回観測する確率を知りたいとしよう．標準的な公式では 2,000 の階乗を評価する必要があるが，これは $1 \times 2 \times 3 \times \cdots \times 2,000$ であり確実にオーバーフローする．また，$(1/2)^{2000}$ を計算する必要もあり，これはアンダーフローするだろう．この計算は浮動小数点数を使ってうまく完成でき，その答えは約 0.018 であるが，それには演算の相殺と並べ替えに細心の注意を払う必要がある．もっと範囲の広い数体系を使うと，もっと単純で頑健な方法で計算できる．

1993 年にロジアは，数値の範囲によって挙動が大きく変わるプログラムのもっと本質的な例を示した．流体力学におけるシミュレーションは，厄介な浮動小数点のアンダーフローによって失敗する．この計算を対称レベル・インデックスの演算によってやり直すと，正しい結果が得られる．

新種の数体系を採用するように世界中を説得することは，カレンダーを刷新したり **qwerty** キーボードを置き換えたりしようとするのと同じく，到底実現できない大事業である．しかし，歴史上や習慣上の障害はすべて脇に置いたとしても，この場合に別の選択肢をどのように評価するのがもっともよいかはよく分からない．心に思い描いている主たる問いは次のようになる．どれほど多くの数があっても数直線全体を覆うことはできないのだから，どのように分布する数をもつのが最適か．固定小数点体系は数を均一に散りばめる．浮動小数点数は，原点の近くではぎっしりと詰まっていて，そこから遠のくに従って間隔が広がっていく．レベル・インデックス体系では，中心部の密度はもっと大きく，それが急勾配で減少し，もっとも遠くの辺境の地にまで数を押し広げる．

これらの分布のうちのどれが好ましいのか．おそらくその答えは，どの数を表現する必要があるか，そして，米国の借金がどれほど急激に増加し続けるかに依存するだろう．

第9章
マルコフ連鎖のことの始まり

　それは詩的作品と確率論の思いも寄らない結びつきであった．アレクサンドル・プーシキンの韻文小説『エヴゲーニイ・オネーギン』の文章を徹底的に調べていたロシアの数学者 A. A. マルコフは，母音と子音の組み合わせを選別するのに何時間も費やした．1913年1月23日，マルコフはサンクトペテルブルクにある帝国科学アカデミーでの演説で彼の発見を手短に述べた．マルコフの分析はプーシキンの詩の理解や評価を変えはしなかったが，マルコフ連鎖として今では知られている彼の開発した技法は確率論を新たな方向に拡大した．マルコフの方法論は，長い間確率研究の主流であった硬貨を投げたりサイコロを振ったりするお馴染みのモデルを凌駕した．このようなモデルでは，それぞれの事象はほかの事象すべてと独立である．マルコフは，次に何が起こるかは今起きたことに依存するような結びつきのある事象の連鎖を導入した．

　今日，マルコフ連鎖は科学の至るところにある．マルコフがプーシキンの研究に使ったのとそれほど違いのない方法が DNA の中の遺伝子を特定するのに役立ち，音声認識やウェブ検索のアルゴリズムを強力なものにしている．物理学では，個体中の電子など多くの相互作用する粒子からなる系の集合挙動をマルコフ連鎖がシミュレートする．統計学では，可能性の大きな集合から代表標本を選ぶ手法をマルコフ連鎖が与える．また，野球チームの打順を最適化するのにもマルコフ連鎖は使われている．そして数学の中でもここ何十年かの間に，なぜあるものは効率的に機能し，あるものはそうならないのかを理解しようとして，マルコフ連鎖そのものが活発に引き合いに出される分野になった．

　マルコフ連鎖がありきたりの道具になると，その起源の話は記憶から薄れてしまった．その話はもう一度語っておく価値がある．その話は，数学と文学だけでなく少しばかりの政治と神学までのただならぬ共起関係が主役を演じる．それをさらに芝居がかったものにしたのは，二つの強力な個性の間の激しい抗争である．そして，この話は20世紀初頭のロシア社会を転換させた激動の出来事のまっただ中を展開していく．

　しかしながらマルコフ連鎖の初期の歴史を調べる前に，マルコフ連鎖とは何であり，それがどのように働くかを明確にしておいたほうがよいだろう．

マルコフ連鎖による天気予報

　確率論は偶然に左右されるゲームを起源とする．そこではサイコロを振ったりルーレットを回したりすることはすべて別個の試験であり，ほかのどの試験とも独立である．硬貨を投げた結果はその次の結果に影響しないというのが前提条件である．その硬貨に偏りがなければ，表が出る確率は常に1/2である．

　この独立の原理が，合成確率の計算を簡単にする．偏りのない硬貨を2回投げると，2回とも表が出る確率は単純に$1/2 \times 1/2$，すなわち1/4である．もっと一般的には，二つの独立な事象の確率がそれぞれpとqならば，その二つの事象の結合確率はpqである．

　しかしながら，人生のあらゆる場面がこの便利な原理に従うわけではない．雨の降る確率が1/3であるとしよう．このことから，二日続けて雨が降る確率は$1/3 \times 1/3 = 1/9$であることにはならない．嵐が何日も続くことがよくあり，今日雨が降っていることは明日も雨である確率が高いことの前兆かもしれない．

　独立性が成り立たない別の例として，モノポリーというゲームを考えよう．サイコロを振ることによって自分のコマを盤上で何マス進めるかを決めるが，1手進んで到達するマスはあきらかに出発するマスに依存する．異なる出発点からは，同じ数だけ進んでも最高級の土地であるボードウォークに行くことも刑務所に入れられることもありうる．未来の事象の確率は，その系の現在の状態に依存する．事象は次から次へと結びついていて，マルコフ連鎖をなす．

相応のマルコフ連鎖と考えられるためには，系は区別できる状態の集合とそれらの間の明確な遷移をもたなければならない．簡略化された天気予報のモデルは，晴れ，曇り，雨という三つの状態だけをもつ（図9.1を参照のこと）．これらの間に9通りの遷移がある．（状態が変わらないままである恒等遷移も含む．）モノポリーでは，最小のモデルでも盤の縁に並んだ40個のマスに対応して，少なくとも40個の状態が必要である．それぞれの状態に対して，サイコロを振って到達することのできる一般的には2マスから12マス先のほかの状態すべてへの遷移がある．ゲームの突飛な規則をすべて取り込んだ現実のモノポリーのモデルはもっと大きくなる．

近年では，本当に巨大なマルコフ連鎖の構成が見られるようになった．たとえば，グーグルの創設者であるラリー・ページとセルゲイ・ブリンが考案したページランクのアルゴリズムは，4，5百億あるワールドワイドウェブのページを状態とするマルコフ連鎖に基づいている．その状態遷移は，ページ間のハ

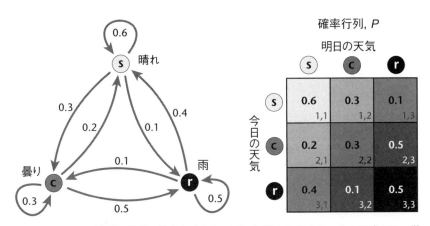

図9.1：マルコフ連鎖は状態の集合とそれらの間の遷移を表現する．左の図式では，単純な天気のモデルの状態が，晴れは s，曇りは c，雨は r と名前のつけられた点によって表現されている．この状態の間の遷移は矢印によって示されていて，それぞれには確率が付記されている．この確率は右の 3×3 行列として配置することができる．それぞれの行は今日の天気としてありうる状態を表し，それぞれの列は明日の天気の状態に対応する．

イパーテキスト・リンクである．このアルゴリズムの目的は，それぞれのウェブ・ページに対して，行きあたりばったりにリンクをたどる読者がそのページにたどり着く確率を計算することである．

過去，現在，未来

　点と矢印から作られた図式は，マルコフ連鎖の構造を表している．点は状態を表し，矢印は遷移を示している．それぞれの矢印に添えられた数は，その遷移が生じる確率である．これらの数は確率なので，0 と 1 の間になければならず，一つの点から出ていく確率をすべて足し合わせるとちょうど 1 になる．このような図式において，状態列の並びを定める経路をたどることができる．天気の例では，晴れ，晴れ，曇り，雨のようになる．この特定の並びの確率を計算するには，対応する遷移の矢印に添えられた確率をかけ合わせればよい．（図 9.2 を参照のこと．）

　この連鎖は，今日が曇りならば二日後が雨である確率はどれだけかというような問いにも答えることができる．その答えは，ちょうど 2 ステップで曇り状

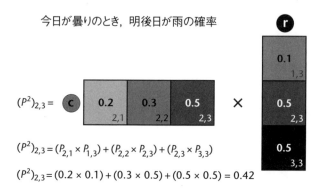

$$(P^2)_{2,3} = (P_{2,1} \times P_{1,3}) + (P_{2,2} \times P_{2,3}) + (P_{2,3} \times P_{3,3})$$

$$(P^2)_{2,3} = (0.2 \times 0.1) + (0.3 \times 0.5) + (0.5 \times 0.5) = 0.42$$

図 9.2：マルコフ連鎖のモデルによる明後日の天気予報は行列の掛け算の問題である．具体的にはこの行列をそれ自体と掛け合わせる．行列の一つの要素に対する掛け算のアルゴリズムの詳細を図に示す．今日が曇りならば，明後日が雨の確率は曇りの行の要素と雨の列の要素を掛けて得られた三つの積を足し合わせることで分かる．

態から雨状態へとつながる経路すべての寄与を足し合わせて得られる．これは退屈な計算練習のようにみえるが，行列の演算に基づいてこの計算をこなす簡単な方法がある．

3状態のマルコフ連鎖に対する遷移確率は3×3行列，すなわち9個の数からなる正方形の配列として並べることができる．（図9.3を参照のこと．）多段階の遷移を計算する処理は行列の掛け算と同値である．行列そのもの（これをPと呼ぶ）は明日の天気を予想する．積$P \times P$，すなわちP^2は明後日の天気の確率を与え，P^3は三日後の天気の確率を定める，というように続く．未来全部がこの一つの行列から広がっていく．

こうした天気の仮説的な確率が与えられたとき，その行列のべき乗を次々と

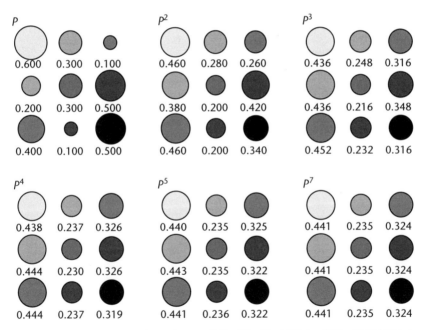

図9.3：この行列のべき乗を繰り返すと，状態の間の長く連続する遷移の確率が得られる．このようなわずかな段階を経ただけで，行列はすべての行が同一になりすべての列が同じ値を繰り返す安定した配置に収束し始める．それぞれの行では確率を足し合わせると1になることは変わらない．

計算すると，すべての行が同一ですべての列が同じ値を繰り返すような安定した形に急速に収束する．この結果には明快な解釈がある．この系が十分長く続くと，与えられた状態になる確率はもはや初期状態に依存しないのである．天気の場合には，そのような結果になることは驚くにあたらない．今日は雨であると分かることは明日の天気についての手がかりを与えるかもしれないが，今から3週間後の空の状態を予測するにはあまり役に立たない．このような長期予報では，（そのマルコフ連鎖が収束する値である）長期間の平均を参考にしたほうがよい．

独立変数の範疇を超えて確率の法則を押し広げるマルコフの考え方には重要な制約が一つある．確率は，系の現在の状態だけに依存しなければならず，それよりも前の経緯に依存してはならない．たとえばモノポリーのマルコフ連鎖による分析では，プレーヤーの現在の盤上の位置を考えるが，彼がどのようにしてそこまで来たかは考えない．この制限は容易ならない．結局のところ，この世は偶発的な事象が連綿と続いて現れる．王国は1本の釘が足りないことから滅び，ハリケーンはアマゾン川流域の蝶の羽ばたきによって発生する．しかし，このような遠い過去にまで及ぶ因果的連鎖はマルコフ連鎖ではない．

その一方で，過去の有限の期間はしばしば現在の状態の中に符号化することによって捉えられる．たとえば，明日の天気は，それぞれの状態が二日間の並びであるような9状態のモデルを作ることによって，昨日と今日の天気の双方に依存するようにできる．この代償は，状態の数が指数関数的に増加することである．

ペテルブルク派の数学

マルコフがこのような考えをいかにして定式化するに至ったかを理解しようとすると，遠い過去にまで及ぶ偶発的な事象の長い連鎖に直面する．その話の出発点の一つは，ピョートル大帝（1672–1725）である．ピョートル大帝は，サンクトペテルブルクに科学アカデミーを創設しロシアでの科学的文化の発展を促した野心的なロマノフ朝の皇帝である．（ピョートル大帝による統治のほかの側面は，息子アレクセイを含む反体制派の拷問や謀殺など褒められたもの

ではない.）

　ヨーロッパのほかの場所でほぼ同じ時期に，賭博場や保険仲介業から生まれた確率論が数学の確固たる分野になった．その基礎をなす出来事は，1713 年のヤコブ・ベルヌーイによる論文「予測術（*Ars Conjectandi*）」であった．

　サンクトペテルブルクに話を戻すと，数学の研究プログラムは成功したが，当初その業績のほとんどは国外から招聘した学識者によるものであった．招聘者の中にはベルヌーイ家の二人の若者ニコラスとダニエルも含まれていた．そして活躍の筆頭は，その時代の傑出した数学者レオンハルト・オイラーで，30年以上もサンクトペテルブルクで過ごした．

　19 世紀までにロシア在来の数学者が頭角を表しだした．ニコライ・ロバチェフスキー（1792–1856）は，非ユークリッド幾何学の考案者の一人である．その二，三十年後に，パフヌティ・チェビシェフ（1821–1894）は，数論，（今ではチェビシェフ多項式と呼ばれている）近似手法，確率論で貢献をした．チェビシェフの学生たちはロシアの次世代の数学者の核をなした．マルコフはその中でも飛び抜けていた．

　アンドレイ・アンドレエヴィチ・マルコフは 1856 年に生まれた．彼の父は森林管理の公務員で，のちに王族の資産管理者になった．中高生のとき，マルコフは数学に熱意を示した．マルコフはサンクトペテルブルク大学で（チェビシェフなどと）研究を続け，生涯にわたってそこで出世街道を歩み，1893 年に正教授になった．マルコフはまた科学アカデミーにも選出された．

　1906 年にマルコフが関連する確率の連鎖についてのアイディアを展開しはじめたとき，彼は 50 歳ですでに退官していたが，まだときおり講義をしていた．退官後の生活は，ほかの面ではさらに活動的であった．1883 年にマルコフは，彼の父がかつて務めた資産管理者の娘マリア・ヴァルヴァティーヴァと結婚した．1903 年に二人の間にできた最初で唯一の子供が，同じくアンドレイ・アンドレエヴィチと名づけられた息子である．その息子はソヴィエト時代の著名な数学者で，モスクワ国立大学の数理論理学部長になった．（図書館司書をうろたえさせることに，父も息子もその研究成果に A. A. マルコフと署名した．）

　知性の糸は，ヤコブ・ベルヌーイに始まりチェビシェフを経由してマルコフ

（父）へと紡がれている．「予測術」において，ベルヌーイは大数の法則を述べた．大数の法則は，偏りのない硬貨を投げ続けると投げる回数が無限大に近づくに従って表の出る確率は 1/2 に近づくというものだ．この考え方は直感的には明らかだが，正確に述べて厳密な証明を与えようとすると足を取られやすい．ベルヌーイはその一つの形を証明した．チェビシェフはそれよりも広い範囲の証明を発表した．マルコフはそれをさらに精緻化した．

　のちのマルコフによる従属事象の連鎖の研究は，この連綿と続く研究成果の自然な延長であり一般化とみることができる．しかし，話はそれだけではない．

数学的神学

　多くの人の言うところによれば，マルコフは怒りっぽい性格で友達にさえ無愛想であり，敵対者にはひどく喧嘩腰でしばしば抗議運動や揉め事に巻き込まれた．英訳を発刊していた統計学者アレクサンダー・チュプロフとの往復書簡からマルコフの人となりが垣間見える．マルコフからチュプロフへの手紙には，チュプロフを含めて他人の業績を中傷する否定的な意見が散りばめられている．

　マルコフの喧嘩っ早さは数学だけでなく政治や一般の生活にまで及んだ．ロシア正教会がレフ・トルストイを破門したとき，マルコフは自分も追放するように求めた．（その要求は受け入れられた．）1902 年に左翼の作家マクシム・ゴーリキーが科学アカデミーに選出されたが，皇帝ニコライ 2 世は否認した．それに抗議して，マルコフは皇帝からの今後のすべての表彰を拒否すると宣言した．（しかしながら，アントン・チェーホフとは異なり，マルコフは科学アカデミーの会員を辞任はしなかった．）1913 年に，皇帝がロマノフ家統治 300 年の祝祭を呼びかけたとき，マルコフはそれに対抗して 200 年前に発刊された「予測術」を記念した研究集会を企画した．

　マルコフのもっとも辛辣な言葉は数学者パヴェル・ネクラソフに向けられた．マルコフはネクラソフの業績を「数学の濫用」と評した．ネクラソフは，当時ロシア正教会の拠点であったモスクワ大学で教鞭をとっていた．ネクラソ

フは，数学に取り組む前に神学校での指導を始めていて，どうやらその二つの
職業が互いを支えうると信じていた．

　1902 年に発表した論文で，ネクラソフは何世紀も前からある自由意志と予
定説についての神学の論争に大数の法則を持ち込んだ．ネクラソフの言い分は
次のようなものだった．自発的な行為，すなわち自由意志の表現は，確率論で
の独立な事象のようなものである．独立な事象の間には因果的な結びつきはな
い．大数の法則は，そのような独立な事象に対してのみ適用される．犯罪統計
などの社会科学者によって集められたデータは，大数の法則に従う．それゆ
え，その背後にある個人の行為は独立で自発的でなければならない．

　マルコフとネクラソフは，モスクワからきた聖職の君主制主義者に立ち向か
うペテルスブルクからきた世俗の共和制主義者であり，多くの面で対極の立場
にあった．しかし，ネクラソフへの攻撃の火蓋を切ったとき，マルコフが政治
思想や党派の違いに踏み込むことはなかった．マルコフは数学的な誤りに狙い
を絞った．ネクラソフは，大数の法則には独立の原理が**必要**であることを前提
とした．この考えはヤコブ・ベルヌーイの時代から確率論ではあたりまえのこ
とであったが，マルコフはこの前提がなくてもよいことを示そうとした．ある
基準を満たせば従属変数の系でも大数の法則が問題なく当てはまるというので
ある．

母音と子音を数える

　マルコフはまず従属変数と大数の法則の問題を 1906 年に解決した．マルコ
フは二つの状態しかない単純な系の場合から始めた．その状態を a と b と名づ
けると，$a \to a, a \to b, b \to b, b \to a$ という 4 通りの遷移がある．マルコフ
は，4 通りの遷移の確率がすべて 0 より大きく 1 より小さいという前提のもと
で，この系が時間とともに進行するに従ってそれぞれの状態の頻度は一定の平
均値に収束することを証明できた．その後の何年かの間に，マルコフはこの証
明を拡張および一般化し，それが広いクラスのモデルに当てはまることを示し
た．

　この一連の結果により，マルコフは少なくとも一つの目的を達成した．これ

によって，大数の法則が自由意思を含意するというネクラソフの主張を撤回させた．しかし，数学界の大部分は，これにあまり注目しなかった．その理由の一つは，これらの考えを実際の出来事にどのように適用すればよいかという手がかりがないことであった．マルコフは，尊大にもこのような問題から距離を置いていた．マルコフはチュプロフに次のように書いた．「私は純粋に解析学の問題にのみ関心がある．… 確率論の適用可能性の問題は気にしていない．」

しかしながら，1913年までにマルコフはどうやら心変わりしたようだ．『エヴゲーニイ・オネーギン』に関するマルコフの論文は，たしかに応用確率論の研究結果であった．その論文が長年にわたって感銘を与えたのは，一つには数学を詩的作品に適用するという新規性が理由かもしれない．また，もしかしたら，選ばれたのがロシアの学童が何も見ないで暗唱するような大切な詩であるからかもしれない．

言語学の観点からすると，マルコフが行ったのは非常に表面的なレベルの解析である．プーシキンの詩の韻律や脚韻や意味を扱うのではなく，詩を単なる文字の並びとして扱った．さらにそれを単純化して，文字を母音と子音というたった二つのクラスにまとめた．

マルコフの実例は詩の先頭の 20,000 文字から作られ，それは全体の約8分の1である．マルコフはすべての句読点と空白を取り除き，文字を一つの長く切れ目のない列に詰め込んだ．解析の最初の段階では，マルコフはその文字列を 10×10 の塊 200 個に配置し，それぞれの行と列にある母音を数えた．この表を作ることによって，100 文字の塊ごとの母音の平均個数と，その標本がどれほど平均から離れているかの指標である分散を求めることができた．この過程において，マルコフは母音の総数（8,638）と子音の総数（11,362）を勘定した．

次の段階で，マルコフは切れ目のない 20,000 文字の列に立ち戻り，それを綿密に調べて連続する文字の対を母音と子音の組み合わせによって分類した．マルコフは 1,104 対の連続する母音を見つけ，3,827 対の連続する子音があると推定することができた．残りの 15,069 対は，母音と子音がいずれかの順序で連続するものでなければならない．

これらの数を手にしたところで，マルコフはプーシキンの文章がどの程度独

立の原理に反しているかを推定できた．無作為に選んだ文字が母音である確率は 8,638/20,000，すなわち約 0.43 である．隣り合う文字が独立ならば，二つの母音が連続する確率は $(0.43)^2$，すなわち約 0.19 である．19,999 組の標本には 3,731 対の連続する母音があると期待されるが，これは実際の数の 3 倍よりも多い．したがって，文字の確率は独立ではないという強力な証拠が得られた．過度に母音と子音が交互に現れる傾向にあるのだ．（人間の言語の音素配列構造を考えれば，この結論は驚くにあたらない．）

マルコフはこの数え上げと計算をすべて紙と鉛筆で行った．好奇心から，私はマルコフの作業を『エヴゲーニイ・オネーギン』の英訳で繰り返してみた．正方形の紙に 10×10 の表を作成するのは退屈だが難しくはなかった．オネーギンの文章の連続する母音を丸で囲むのは，30 分に 10 節ほどとすばやくできたように思えたが，248 対の連続する母音のうち 62 対を見落としていたことが分かった．マルコフはおそらく私よりも速く正確であっただろう．そうだとしても，この作業に数日はかかったにちがいない．のちにマルコフは，ほかのロシアの作家であるセルゲイ・アクサーコフによる回想録の 100,000 文字に対して同じような解析を行った．

計算機によって文章の解析は取るに足らないことになり，4 ミリ秒ですべての母音の対が見つかった．このような解析の結果は，図 9.4 に示したように，英語の書き言葉はロシア語と比較して母音に乏しい（すなわち子音が豊富である）が，それでも遷移行列の構造は同じになる．母音に遭遇する確率は，その前にある文字が母音であるか子音であるかに強く依存し，母音と子音が交互に現れる傾向にある．

反りの合わないアカデミー会員

『エヴゲーニイ・オネーギン』に関するマルコフの論文はあちらこちらで議論され引用されたが，ロシア語圏以外ではそれほど読まれることはなかった．1955 年に MIT の言語学者モリス・ハレは，当時言語に対する統計的手法に興味のあった同僚の依頼を受けて英訳を作った．しかし，ハレの翻訳が出版されることはなく，わずかな図書館でガリ版印刷の形で保存されていただけであっ

He was too young to have been blighted
by the cold world's corrupt finesse;
his soul still blossomed out, and lighted
at a friend's word, a girl's caress.
In heart's affairs, a sweet beginner,
he fed on hope's deceptive dinner;
the world's éclat, its thunder-roll,

still captivated his young soul.
He sweetened up with fancy's icing
the uncertainties within his heart;
for him, the objective on life's chart
was still mysterious and enticing—
something to rack his brains about,
suspecting wonders would come out.

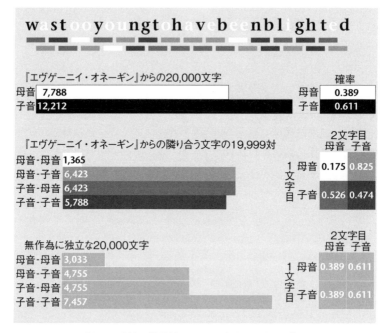

図 **9.4**：マルコフが行った言語の統計値に関する実験の一部を『エヴゲーニイ・オネーギン』の（チャールズ・H. ジョンストンによる）英訳で繰り返した．一つの節（第2編第7行）を使ってプーシキンの脚韻構成や韻律を示す．その下の囲みに1フレーズを示したように，統計的解析のために句読点や空白は取り除かれる．母音と子音はそれぞれ白と黒で塗りつぶすことで区別される．可能な4通りの母音と子音の対は網掛けの濃さで表されている．棒グラフは文字と文字の対の総数を表示していて，2×2行列はある種類の文字にまたある種類の文字が続く確率を示している．『エヴゲーニイ・オネーギン』の文章は母音と子音が交互になるように強く偏っていることを示している．一番下は，同じ文字の集合から無作為に取り出した対は異なる分布になることを示す．

た．最初に広く利用可能になった英訳は，ドイツの人文学者デヴィッド・リンクと何人かの仲間で作ったもので，2006 年に出版された．

リンクはマルコフの「著述の数学化」に対する解説と，『エヴゲーニイ・オネーギン』に関するマルコフのこの論文がいかにしてロシア以外にも知られるようになったかの説明も書いた．（ロシアから外に伝わる連鎖において鍵となる人物は，ハンガリーの数学者ジョージ・ポリアであった．ランダムウォークに関するポリアのよく知られた研究成果は，マルコフ連鎖と密接に関連している．）統計学者オスカー・シェイニンとユージン・セネタは，マルコフとその境遇についても書いている．私はロシア語が読めないので，これらの情報源に依存するところが大きい．

リンク，セネタ，シェイニンの説明で，マルコフとネクラソフの対立の結末を知ることができる．1917 年の十月革命のあと，予想されるように王政主義者のネクラソフはその地位にとどまるのに悪戦苦闘した．ネクラソフは 1924 年に亡くなり，彼の研究成果が注目されることはなくなった．

反皇帝支持者であるマルコフは新たな政権から好意的に見られていたが，マルコフの晩年の逸話からは彼が最後まで反体制であったことを示唆している．1921 年にマルコフは，科学アカデミーに対して丁度いい履物がないために会議に出席できないと不満を述べた．この件が委員会で触れられた．まったく上下がひっくり返ったロシアの生活を象徴するかのように，議長はほかならぬアカデミー会員マクシム・ゴーリキーであった．そこで同志マルコフのためにブーツが見つけられてきたが，足に合わないブーツにマルコフは「考えなしの取り繕い」と言った．マルコフは科学アカデミーと距離を取り続け，1922 年に亡くなった．

戯言生成器

マルコフにとって，互いに依存する標本にまで大数の法則を拡張することは，彼の研究における重要な点であった．マルコフは，マルコフ連鎖が系の長期的な平均挙動に対応する安定した一定の状態にいつかは落ち着かなければならないという証明を後世に残した．

　1913年以来1世紀の間にマルコフ連鎖は数学の大きな分野になったが，重要視される点はマルコフ自身がとくに関心をもった問いから変化していった．実用的な計算を行う状況では，系が安定な値にいつかは収束することが分かるだけでは十分ではない．そうなるのにどれほどの時間がかかるかを分かる必要がある．近年流行りの巨大なマルコフ系では，収束にかかる時間を見積もることさえも実行不可能である．せいぜい期待できるのは，シミュレーションの過程を早期に終了させることによって持ち込まれる誤差を見積もることくらいである．

　この章は，私自身がマルコフ連鎖を紹介することになった個人的な話で締めくくる．1983年に私はサイエンティフィック・アメリカン誌の連載「コンピューター・レクリエーション」で「技術新時代：文学作品をハチャメチャのたわ言に変える」と題する記事を書いた．私は言語の統計的構造を利用して特定の著者の作風で不規則な文章を生成するアルゴリズムを調査していた．（『エヴゲーニイ・オネーギン』をもとにしたいくつかの見本を図9.5に示した．）

　その戯言アルゴリズムの一つは，長さ k の文字列をラベルとする行と，それぞれの長さ k の文字列に続くことのできるさまざまな文字の確率を定義する列をもつ遷移行列を作り上げる．最初に種となる長さ k の文字列が与えられると，プログラムはこの行列と乱数発生器を使って合成文の次の文字を選ぶ．そして種の左端の文字を捨て，新たに選ばれた文字を右端に追加して，全体の手続きを繰り返す．2や3よりも大きい値の k に対しては，この行列は大きすぎて現実的ではない．しかし，この問題を解決するうまい方法がある．（そのうちの一つは行列を完全に排除する．）

　私の記事が掲載されたあとすぐに，私はノーベル賞受賞者ピョートル・カピッツァの息子でサイエンティフィック・アメリカンのロシア語版編集者であるセルゲイ・カピッツァに会った．カピッツァは，不規則な文章を生成する私のアルゴリズムはすべて何十年か前の A. A. マルコフの結果から導かれると言った．私は明らかに懐疑的な態度をとった．マルコフはその基礎となる数学を考案したかもしれないが，彼がその考え方を言語処理に適用しただろうか．するとカピッツァはマルコフの『エヴゲーニイ・オネーギン』に関する論文を教えてくれた．

次数 1

Theg sheso pa lyiklg ut. cout Scrpauscricre cobaives wingervet Ners, whe ilened te o wn taulie wom uld atimorerteansouroocono weveiknt hef ia ngry'sif farll t mmat and, tr iscond frnid riliofr th Gureckpeag

次数 3

At oness, and no fall makestic to us, infessed Russion-bently our then a man thous always, and toops in he roguestill shoed to dispric! Is Olga's up. Italked fore declaimsel the Juan's conven night toget nothem,

次数 5

Meanwhile with jealousy bench, and so it was his time. But she trick. Let message we visits at dared here bored my sweet, who sets no inclination, and Homer, so prose, weight, my goods and envy and kin.

次数 7

My sorrow her breast, over the dumb torment of her veil, with our poor head is stooping. But now Aurora's crimson finger, your christening glow. Farewell. Evgeny loved one, honoured fate by calmly, not yet seeking?

図 **9.5**：マルコフ連鎖によって生成された不規則な文章は（ジョンストンが翻訳した）『エヴゲーニイ・オネーギン』と統計的性質が一致する．次数 k の不規則な文章のマルコフ・モデルでは，状態は長さが k の文字列であり，遷移はそれらの文字列それぞれに続くすべての文字に対して定義される．遷移の確率は，その頻度に従って重み付けされている．たとえば，長さ 3 の文字列 eau が詩の文章に 27 回現れて，そのうちの 18 回は（beauty のように）t が続き，4 回は（Bordeaux のように）x が続き，それ以外にあとに続く文字が 4 種類ある．そうすると，マルコフ連鎖の現在の状態が eau ならば，次の状態は確率 $18/27 = 0.667$ で aut である．次数 1 のモデルでは，それぞれの文字が現れる確率はその直前の 1 文字に依存し，でたらめな文章を作り出す．次数 3 のマルコフ連鎖による文章はおおよそ発音できる．次数 5 では，ほぼ全部が正しい単語である．次数 7 では，句全体がもとの文章から取り出されたものである．

　その雑誌のあとの号で，私はマルコフについて見落としていたことを悔いる補遺を掲載した．私はマルコフの論文をまったく読まずにその補遺を書かなければならなかった．そして少し調子に乗りすぎて，マルコフが「文字をごちゃ混ぜにしたときにプーシキンの詩がどの程度プーシキンさを残しているかを問うている」と書いた．その30年後，私は本稿によって帳尻が合うことを期待する．しかし残念ながら，それをカピッツァと分かち合うには遅きに失した．カピッツァは2012年に84歳で亡くなった．

　計算機で生成した戯言への愛着がけっして薄れてしまうことはない．私が1983年に書いたプログラムは，最初期のIBM PC上のマイクロソフトBASICで実装された．もはやそのようなプログラムを実行させるハードウェアやソフトウェアもないので，私は新たにプログラムを書くことにした．それをJavascriptで書くことによって，ウェブ上で簡単に利用できるようになった．したがって，今や読者も高尚な文学作品を支離滅裂で無意味な文章に変えることができる．そのプログラムは `http://bit-player.org/wp-content/extras/drivel/drivel.html` にある．

第10章
n 次元の玉遊び

　円によって囲まれる面積は πr^2 である．球の内部の体積は $4/3\pi r^3$ である．これらはかなり小さい頃に習う公式である．学童のときにこれらの公式を記憶に刻んでいて，私はこれらの起源や意味について質問をするのを止めていた．とくに，この二つの公式がどのように関係しているか，あるいはこれらが慣れ親しんだ2次元や3次元物体の世界を超えて高次元空間の幾何学に拡張できるかどうかを知りたいと思うことはけっしてなかった．4次元球に囲まれた体積とは何か．n 次元の丸い物体の大きさを求めるなんらかの万能公式はあるのか．

　面積と体積の公式に初めて触れてから五十何年かのちに，ついに私はこれらの一般的な問題を検討する機会を得た．n 次元の体積を求める万能公式を見つけることは簡単で，要したのはグーグルとウィキペディアを使った二，三分だけであった．しかし，その後この公式が何を物語っているのか理解しようとして，眉間にしわを寄せる瞬間が何度もあった．体積と次元の関係は私が予想したものとはまったく違った．実際，それは私が数学において出会ったもっとも荒唐無稽なものの一つである．この奇妙な現象を知らずに人生のなんとも多くの時間を過ごしてきたことに気づいて，愕然としている．万が一誰かが授業で n 次元幾何学を習う日に学校を休んだ場合にも備えて，その話をここで述べる．

次元の呪い

　体積の公式を記憶していた子供時代には，よく野球をして遊びもした．しばしば右翼の向こうにある茂みでボールが見つからなくなり，試合は中断した．そのときは分からなかったが，2次元の広場で遊んでいたことは幸運であった．高次元空間でボールを失くしてしまったら，いまだにそれを探しているかもしれない．

　数学者リチャード・ベルマンはこの現象を「次元の呪い」と名づけた．空間の次元が大きくなるに従って，ものを見つけることやその大きさや形状を測ることが難しくなる．ベルマンの呪いは，箱の中の球体を用いた現象によって具体的に示される．n次元球体をそれがちょうど収まる大きさのn次元立方体に入れる．nが大きくなるに従って，立方体の中で球体が占める体積の割合は劇的に小さくなる．（図10.1を参照のこと．）100次元空間では，球体は消滅した

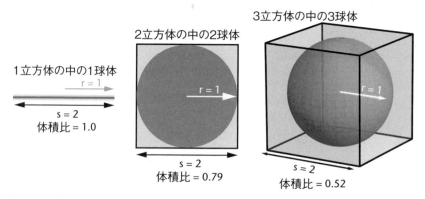

図10.1：箱の中の球体は，さまざまな次元の空間にわたって幾何学を調べるためのモデルを提供する．この箱は1辺の長さが2の立方体であり，半径1の球体がちょうど収容できる大きさである．（左の）1次元では，球体と立方体は同じ形状，すなわち長さ2の線分になる．（中央の）2次元と（右の）3次元では，球体はすぐ分かるように丸い．次元が増えるに従って，立方体の体積のうち球体が占める割合はどんどん小さくなる．3次元では，球体が占める割合は約半分である．（図には示していない）100次元空間では，球体は消滅したも同然である．立方体の体積のうちそれが占める割合は約$1/10^{70}$にすぎない．

も同然で，それが占める割合は約 $1/10^{70}$ しかない．これは，地球の体積に対する原子の体積よりもはるかに小さい．

私たちの住む世界は3次元空間にすぎないので，ベルマンの呪いは純粋に哲学的な興味にすぎないように思えるかもしれないが，けっしてそうではない．計算を伴う多くの作業が高次元の環境において実行される．よくある手続きの一つでは，無作為に選んだ点のうちの何個が物体の内部にあるかを数えることによって物体の体積を見積もる．100次元立方体の中にある100次元球体では，立方体の内部に1兆個の点を無作為に選んだとしても，球体の内部にたった1個の点さえ見つかる見込みはほぼない．

この冒険をさらに続ける前に，立ち止まって n 次元空間の球体が何を意味するのか少し考えてみるのがよいだろう．3次元球体，すなわち3球体は，私たちが投げたり受けたりする類のものである．3次元球体には中心があり，半径は r になる．数学的には，球体は中心からの距離が r 以下の点すべてからなる集合である．この定義は2次元でも同じように使えて，2球体は円板，すなわち円周とその内部である．1次元の1球体は単に長さ $2r$ の線分であることがわかる．これはとくに丸いようには見えないが，それでも球体の定義を満たしている．つまり，中心点からの距離が r 以下の点すべてを含んでいる．

逆向きに進んで，4次元以上の球体を視覚化しようとすると想像力は役に立たない．それにもかかわらず，この定義は n 球体を構成するやり方を与え続ける．はっきりとしないのは，そのような物体の大きさをいかにして計算するかである．

体積の主公式

半径1の n 球体（単位球体）を考えよう．この球体は1辺の長さが $s=2$ の n 立方体の中にぴったりと収まる．球体の表面は，立方体のそれぞれの面の中心に接する．この配置において，立方体の体積のうち球体が占める割合はどれだけか．

この問いは，私たちが住処と考える低次元空間では簡単に答えられる．$r=1$ の1球体と $s=2$ の1立方体は実際には同じ物体，すなわち長さが2の線分で

ある．したがって，1次元では，球体は立方体を完全に埋め尽くし，その体積比は1.0である．

2次元では，2立方体の内部の2球体は正方形に内接する円板である．したがって，この問題は子供の頃に怯えた公式を使って解くことができる．$r = 1$とすると面積πr^2は単にπであり，正方形の面積s^2は4である．したがって，これらの面積比は約0.79である．

3次元では，単位球体の体積は$4/3\pi$であり，立方体の体積は$2^3 = 8$である．これでその比は約0.52ということになる．

これら3点のデータをもとにすると，nが増加するに従って立方体の体積のうち球体が占める割合はどんどん小さくなっていくように見える．この傾向が続きそうなことは，次のような単純で直感的な根拠により示唆される．2次元や3次元では，球体は立方体の真ん中に位置しているが，立方体の頂点の奥深くまでは届いていないことが分かる．nが1増えるごとに，頂点の数は2倍になるので，立方体の体積のより多くが頂点近くの端々に移ると予想できる．

この興味深いが定量的ではない直感を越えて先に進むためには，3よりも大きい値のnに対してn球体とn立方体の体積を計算しなければならない．立方体に対してはその計算は簡単である．1辺の長さがsのn立方体の体積はs^nである．単位球体を取り囲む立方体は$s = 2$なので，その体積は2^nであり，その値は2, 4, 8, 16, 32,...と続く．

しかしn球体についてはどうだろうか．すでに述べたように，小さい頃の教育は必要な公式を身につけさせてくれなかったので，インターネットに頼ることにした．二，三回クリックすると，「n球体の体積」と題するウィキペディアのページ（https://en.wikipedia.org/wiki/Volume_of_an_n-ball）が見つかった．そのページの先頭近くに探していた次のような公式があった．

$$V(n,r) = \frac{\pi^{\frac{n}{2}} r^n}{\Gamma(\frac{n}{2} + 1)}$$

この等式は，n次元空間における半径rの球体の体積Vを示している．あとでこの公式が歴史的あるいは数学的にどこからきたのか調べることになるが，このときとっさに考えたのはrとnに何らかの数を入れさえすれば何が出てくるか分かるだろうということだった．

この公式の分子は，π を $n/2$ 乗し，r を n 乗すれば簡単に計算できる．しかし分母はあまり見なれない式である．これはガンマ関数である．（記号 Γ はギリシャ文字ガンマの大文字である．）ガンマ関数は階乗の考え方を拡張したものである．正整数 n の階乗は，1から n までのすべての整数の積であり，$n!$ と表記する．たとえば，$5! = 1 \times 2 \times 3 \times 4 \times 5 = 120$ である．ガンマ関数は整数に適用するときには階乗によく似ている．$\Gamma(n)$ は n 未満の正整数の積なので，$\Gamma(5) = 1 \times 2 \times 3 \times 4 = 24$ となる．したがって $n! = \Gamma(n+1)$ である．しかし，ガンマ関数は単に階乗を1だけずらしたものではない．階乗は正整数だけにしか定義されないが，ガンマ関数は任意の正実数に対して値がある．とくに $\Gamma(1/2)$ は $\sqrt{\pi}$ に等しく，すべての奇数 n に対して $\Gamma(n/2)$ は $\sqrt{\pi}$ の倍数を含む．

信じられないほど縮む n 次元球

n 球体の公式を見つけたとき，手短に Mathematica で一行プログラムを書き，いくつかの次元における単位球体の体積を表にしようとした．その結果がどうなるかは明確に予想していた．単位球体の体積は，それを取り囲む立方体の体積よりは低い割合であるが n とともに着実に増加し，その結果としてベルマンの次元の呪いを裏付けるものと思い込んでいた．そのプログラムが返す結果の最初の数行は次のようになる．

n	$V(n,1)$	
1	2	
2	π	≈ 3.1416
3	$\frac{4}{3}\pi$	≈ 4.1888
4	$\frac{1}{2}\pi^2$	≈ 4.9348
5	$\frac{8}{15}\pi^2$	≈ 5.2638

1, 2, 3次元の値は私がすでに知っている結果と一致しているとすぐに気がついた．（確認できてほっとした．）また，体積は予想していたとおり n とともにゆっくりと増加していることも分かった．しかし，これを続けると次のような表になった．

n	$V(n,1)$
1	2
2	π　≈ 3.1416
3	$\frac{4}{3}\pi$　≈ 4.1888
4	$\frac{1}{2}\pi^2$　≈ 4.9348
5	$\frac{8}{15}\pi^2$　≈ 5.2638
6	$\frac{1}{6}\pi^3$　≈ 5.1677
7	$\frac{16}{105}\pi^3$　≈ 4.7248
8	$\frac{1}{24}\pi^4$　≈ 4.0587
9	$\frac{32}{945}\pi^4$　≈ 3.2985
10	$\frac{1}{120}\pi^5$　≈ 2.5502

5 次元を超えると，n が増加するに従って単位 n 球体の体積は減少する．もっと大きな値のいくつかの n について確かめてみると，$V(20,1)$ は約 0.0258，$V(100,1)$ は 10^{-40} に近い値であることが分かった．n が無限大に近づくと n 球体はどんどん縮小してなくなってしまうように見える．

二重の呪い

　私はベルマンの次元の呪いを理解していると思っていた．n に伴って n 球体と n 立方体はともに増大するが，立方体のほうが速く大きくなるものと思っていた．実際には，次元の呪いはもっとひどい．立方体が指数関数的に膨張するのと同時に，球体は微々たるものへと収縮する．100 次元空間では，立方体の体積は 1.3×10^{30} にまで増大するのに対して，球体は 2.4×10^{-40} にまで収縮する．立方体の体積のうち球体が占める割合は 1.9×10^{-70} である．

　この割合の激減をこれほど尋常でないものにしているのは，問題にしている球体がそれでもこの立方体に詰め込むことができる最大の球体であることだ．冷蔵庫の大きな段ボール箱の中にぽつんと置かれた豆の話ではないのだ．球体の直径はずっと立方体の 1 辺の長さに等しいのである．球体の表面は立方体のすべての面に接している．球体は立方体にぴったりとはまっていて，これよりもほんの僅かでも大きければ四方八方に飛び出してしまうだろう．それにもかかわらず，体積測定という観点から見ると，ブラックホールがそれ自体の質量で

崩壊するように球体はほぼペチャンコに潰れてしまう.

この見かけ上のパラドックスをどのように理解すればよいだろうか. これを理解する一つの方法は, 球体は立方体の真ん中を満たしているが, 立方体の真ん中にはあまり多くの体積がないのを受け入れることである. 立方体の体積のほぼすべては中心から離れた頂点に集まっている. すでに述べたように, 球体はそれを取り囲む立方体の面それぞれの中心で接しているが, その頂点には届いていない. 100立方体にはちょうど200個の面があるが, 頂点は 2^{100} 個ある.

n 球体がペチャンコになることを理解する別の方法は, さまざまな直径に沿った立方体の串刺しを想像することである. (直径とは, 中心点を通る任意の直線である.) 最短の直径は, 一つの面の中心から反対側の面の中心へと延びる. 単位球体を取り囲む立方体では, この最短の直径の長さは2であり, これはこの立方体の1辺の長さでもあり球体の直径でもある. したがって, 最短の直径で刺された串はその全体が球体の内部にある.

立方体の最長の直径は一つの頂点から中心を通って反対側の頂点にまで延びる. 1辺の長さが $s = 2$ の n 立方体では, この最長の直径の長さは $2\sqrt{n}$ である. したがって, 単位球体を取り囲む100立方体では, 最長の直径の長さは20であり, その長さのたった10%だけが球体の内部にある. さらに最短の直径は100本だけしかないが, 最長の直径は 2^{99} 本もある.

まさに高次元では空間がどれほど奇妙になるかを示す, また別の面白い球体と箱のトリックがある. これはバリー・シプラが教えてくれた. シプラは, それを *What's Happening in the Mathematical Sciences* (1993) の第1巻で紹介した. 平面上では, 1辺が4の正方形には 2×2 の配列として4個の単位円板が収容され, 中央に小さな円板が入る隙間ができる. (図10.2を参照のこと.) その中央の円板の半径は $\sqrt{2} - 1$ である. 3次元では, 同じような3立方体には8個の単位球体に加えて中央に9番目の小さな球体が収まり, その半径は $\sqrt{3} - 1$ になる. 一般に n 次元の場合には, 箱にはそれぞれの方向に球体を2個ずつ並べて 2^n 個の単位 n 球体が入り, その空いた中央の空間にもう一つ球体を入れることができる. そして, その中央の球体の半径は $\sqrt{n} - 1$ になる. n が9に達したときに何が起こるか見てみよう. 中央にあるこの「小さな」球

体の半径は2であり，その周りにある512個の球体の2倍の大きさになる．さらに，この中央にある球体は外側の箱の縁に達し，さらに少しでも次元が大きくなるとその壁を突き破ることになる．

5次元球体の何が特別なのか

　n が無限大に近づくに従って単位 n 球体の体積がゼロに近づくと知ったときは青天の霹靂であった．私はその逆になると予想していたのだ．しかし，ほかにもさらに驚かされることがあった．それは，体積関数が単調ではないという事実である．体積が最初から最後まで増加するか減少するほうが，しばらく増加して n がある有限の値で最高点に達したあとは下降するよりももっともらしく思われた．この振る舞いが特定の次元に特別な注意を集めた．単位5球体がほかのどの n 球体よりも広範に広がる5次元空間には何があるのか．

　これに答えることはできるが，本当にうまくは説明していない．その答えと

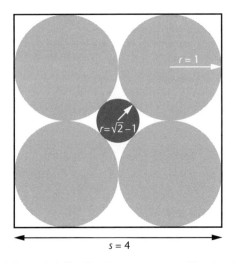

図 10.2：4個の2球体を2立方体に詰め込むと，それらの間に小さな球体を入れる隙間ができる．次元が高くなると，この「小さな」球体はそれを取り囲む球体よりも大きくなる．9次元を超えると，これを囲む立方体の縁を突き抜ける．

は，すべては π の値に依存しているというものだ．π は 3 よりも少し大きいので，体積は 5 次元で最大になる．たとえば π が 17 に等しかったとしたら，最大体積の単位球体は 33 次元空間で見つかったであろう．

π がいかにしてこの役割を担うのか知るには，n 球体の体積公式に立ち戻らなければならない．この体積公式を単純化したものからこの関数の振る舞いを大まかに感じ取ることができる．単位球体にだけ関心があるのであれば，r は常に 1 であり，r^n の項は無視できる．すると分子の π のべき乗と分母のガンマ関数が残る．n の値が偶数である場合だけを考えると，$n/2$ は常に整数になるのでガンマ関数を階乗で置き換えることができる．簡単のために $m = n/2$ とすると，体積公式で残っているのは比 $\pi^m/m!$ だけである．

この単純化された公式によれば，n 球体の体積は π^m と $m!$ のせめぎ合いによって決まる．最初は m の小さい値に対して π^m が先行して飛び出す．たとえば，$m = 2$ では $\pi^2 \approx 10$ であり，これは $2! = 2$ よりも大きい．しかしながら，長く続けると $m!$ が確実にこの競争に勝つ．π^m と $m!$ はともに m 個の因数の積であるが，π^m の因数はすべて π に等しいのに対して $m!$ の因数は 1 から m に及ぶ．数値としては，$m = 7$ のときに $m!$ ははじめて π^m を超え，そのあとは階乗がどんどん大きくなる．

この単純化した解析は，体積曲線の大まかな特徴を少なくとも質的に説明する．比 $\pi^m/m!$ の極限がゼロなので，単位級の体積は無限次元空間ではゼロに近づかなければならない．その一方で，低い次元ではその比は m とともに増加している．そして，小さな m では坂を登り，大きな m では坂を下るのならば，関数はその間で最大値をとらなければならない．

この最大値の位置について定量的に理解するためには，体積公式のもとの形に戻って偶数次元と同じように奇数次元についても考えなければならない．実際には，単なる整数次元から一歩踏み出すことになる．ガンマ関数はすべての実数に対して定義されているので，連続変数として次元を扱って，どこで最大体積が生じるかをもっと詳細な解像度で問うことができる．この微積分の問題に対する数値解は，もう少し Mathematica を使うと見つかる．それは，体積曲線が $n \approx 5.2569464$ で最大になることを示している．この点において，単位球体の体積は 5.2777680 になる．（図 10.3 を参照のこと．）

　これとよく似た公式によって，n球体の表面積も計算することができる．体積と同じように，表面積も最大に達したあとはゼロに降下していく．最大は $n \approx 7.2569464$ のときで，体積が最大になる次元よりも2だけ大きい．

問題の範囲

　これらの結果すべての背後にある計算は分かりやすいが，その数に意味をもたせることはそう簡単ではない．とくに，π のべき乗を階乗と比較することによって，数値として単位球体の体積がなぜ $n = 5$ で最大になるのかは分かる．しかし，この事実を説明するような5次元空間についての幾何学的洞察は得られていない．

　非整数次元での結果はまったく別世界である．小数次元は十分馴染みのある概念だが，一般には空間ではなく図形に用いられる概念である．たとえば，穴の内側に穴が限りなく入れ子になったシェルピンスキーの三角形には次元とし

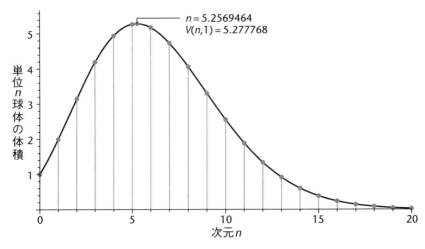

図 **10.3**：n次元の単位球体の体積は，不思議な変動の分布をあらわにする．5次元までは，n が増えるごとに球体の体積は増加する．その後，体積は減少し始め，最終的には n が無限大に近づくにつれてゼロに近づく．空間の次元を連続変数と考えるならば，$n = 5.2569464$ で体積は最大になる．

て 1.585 が割り当てられる．しかし，この三角形も 2 次元の平面上に描かれている．5.2569464 本の互いに直交する座標軸をもつ空間を構成するというのは何を意味するのか．そのようなものを想像もできないというのは，単なる比喩ではない．

また，次元を越えて体積を比較することは実際に意味があるのかという別の厄介な問題もある．それぞれの次元にはそれ自体の測定単位が必要であり，したがってそれらの単位を伴う数の相対的な大きさにあまり意味はない．10 平方センチメートルの円板は 5 立方センチメートルの球体より大きいのか，それとも小さいのか．これはリンゴとオレンジジュースを比較するようなもので，答えることはできない．

すべての単位を取り除く一つの方法は体積比だけを考えることである．それぞれの次元における体積は，その次元の標準的な体積を単位として測定する．標準として疑う余地のないのは，すべての次元で体積が 1 である単位立方体（正測体と呼ばれることもある）である．$n = 1$ から始めると，単位球体は単位立方体より大きく，球体対立方体の比は $n = 5$ になるまでは大きくなる．そこでその傾向が逆転し，やがては球体は単位立方体よりもかなり小さくなる．説明すべきは，この立方体の体積に対する球の体積の比が変わる現象である．

この小論を最初に *American Scientist* に発表したとき，何人かの読者は比に基づく定式化にも懐疑的な態度を取り続け，n 球体の体積の並びについて実際には何も驚くことはないとほのめかした．おそらく私が本当に 100 次元空間に精通しているのであれば，私もまたこれらの値を自然であり当然であるとさえ受け取るのだろうが，まだそうはなっていない．

玉ねぎの輪切り

子供の頃に習った体積公式は，理解するのではなく記憶するべきおまじないであった．今はそれよりも向上していたいと思う．空間的および数学的洞察力の欠如により，n 球体の公式を完全に導き出すことはできないが，おそらく次に述べることは何らかの手がかりになるだろう．

鍵になるのは，n 球体の中には無限個の $(n-1)$ 球体があるという考え方だ．

たとえば，玉ねぎを一連の平行な輪切りにすると，3球体は2球体の積み重ねになる．最初の輪切りとは垂直な方向に細分すると，円板状の輪切りは玉ねぎの真っ直ぐな細片，すなわち1球体の集まりになる．この帯を賽の目に刻めば，0球体の山になる．（実際の玉ねぎと包丁では，これらの操作は本当のn球体の形状を近似しているにすぎない．しかし，この方法は数学的な台所でも完全にうまくいく．）

　この分解は，n球体の体積を計算する再帰的アルゴリズムを示している．n球体を輪切りにして多数の$(n-1)$球体にし，その輪切りの体積を足し合わせるのである．この輪切りの体積はどのようにして計算するのか．同じ方法を適用して，$(n-1)$球体を$(n-2)$球体に切り刻むのである．この再帰はいつかは$n=1$か$n=0$に達して，その場合には答えが分かる．（1球体の体積は$2r$であり，0球体の体積は1とする．）輪切りの厚みをゼロに近づけると，その和は積分になり正確な結果が得られる．

　実用上は，nの刻みがこれとはわずかに異なる2にした再帰を用いるほうが便利である．すなわち，n球体の体積を$(n-2)$球体の体積から計算する．具体的な規則は，$(n-2)$球体の体積が与えられたとき，対応するn球体の体積を得るために$2\pi r^2/n$倍するというものだ．（倍数がこの特定の形式になる理由を示すことは，この公式の導出における厄介な部分であり，これを慎重に避けようとしている．これを示すには，私の能力を越えたところにある多変数の微積分を用いる必要がある．）

　この手続きは，次のような形の計算機プログラムとして簡単に表せる．

```
function V(n,r)
    if n = 0 then return 1
    elseif n = 1 then return 2r
    else return 2πr^2/n × V(n-2,r)
```

nが偶数の場合には，このプログラムによって実行される一連の演算は次のようになる．

$$1 \times \frac{2\pi r^2}{2} \times \frac{2\pi r^2}{4} \times \frac{2\pi r^2}{6} \times \cdots \times \frac{2\pi r^2}{n}$$

n が奇数の場合には，結果は偶数の場合と異なり次のような項の積になる．

$$2r \times \frac{2\pi r^2}{3} \times \frac{2\pi r^2}{5} \times \frac{2\pi r^2}{7} \times \cdots \times \frac{2\pi r^2}{n}$$

n がすべての整数値の場合に，このプログラムはガンマ関数に基づく公式と同じ結果を生じる．

誰が公式を見つけたか

　私が確信をもって答えられないのは，n 球体の公式を最初に書き下したのは誰かという問いである．私は長い参考文献の流れを遡ったが，真の起源にたどり着いたのかどうかよく分からない．

　私は 5.2569464 という数からたどり始めることにした．この数列をネイル・J. A. スローンが作り上げた整数についての知識の要覧である *On-Line Encyclopedia of Integer Sequences* に入力した．私の探していたものは数列 A074455 として見つかった．そこにある参考文献はジョン・ホートン・コンウェイとスローンによる *Sphere Packings, Lattices, and Groups* を教えてくれた．次にこの本は 1929 年に発表されたダンカン・サマーヴィルの *An Introduction to the Geometry of N Dimensions* を引用していた．サマーヴィルの書籍は n 球体の公式に数ページを充てていて，1 次元から 7 次元までの値の表を示しているが，その起源についてはほとんど書かれていない．しかしながら，さらに図書館目録を調査すると，スコットランドの数学者で 1915 年にニュージーランドに移住したサマーヴィルも，非ユークリッド幾何と n 次元幾何学の文献目録を発刊していることが分かった．

　その文献目録には，「超球の体積と表面積」に関する 5 本の研究が挙げられていて，その中でのもっとも古いのは若くして亡くなった英国の才気あふれる幾何学者ウィリアム・キングドン・クリフォードによる 1866 年に発表された問題と解答である．クリフォードによる球体の公式の導出は明らかに彼独自の研究成果であるが，それが最初のものではなかった．

　サマーヴィルはほかのところで n 次元幾何学の先駆者としてスイスの数学者ルートヴィヒ・シュレーフリに言及している．この主題について 1850 年代初

期に書かれたシュレーフリの論文は，1901 年になるまで完全に発表はされなかったが，1858 年にはアーサー・ケイリーによって抄録が英訳された．この抄録の最初の段落では n 球体の体積公式を与えていて，それは「ずっと前」に見つけ出されたという注釈がある．そして，それにはベルギーの数学者ユージン・カタランによる 1839 年と 1841 年に発表された論文を引用する脚注がつけられている．

　カタランの論文を調べて，それらは正しい公式に近いもののいずれも完全には正しくないことが分かった．カタランは，部分的には称賛を受けるに値する．

　これらの初期の研究は，いずれもこの公式が含意すること，すなわち $n = 5$ で最大になることや高次元では体積がゼロになる傾向にあることに触れてはいない．サマーヴィルが言及した研究のうち，これらとの関連を述べているのはペンシルバニア大学から 1897 年に発刊されたポール・レンノ・ヘイルの学位論文だけである．この論文を見つけるのはかなり難しそうに思えたが，ハーバード大学の図書館司書の助けを借りて地下の書棚でその論文を見つけた．のちに完全な本文（ただし図はない）をグーグル・ブックスで見られることが分かった．図が省略されていたのは残念である．その図のうちの一つには，n の関数としての n 球体の体積のおそらく最初に発表されたであろうグラフが示されている．（図 10.4 を参照のこと．）

　この研究の時点でヘイルは大学院生であった．ヘイルは米国標準局に就職し，また科学，哲学，宗教に関する著作もある．（彼のもっともよく知られた本は *The Mystery of Evil* である．）

　1897 年の学位論文で，ヘイルは体積と表面積の公式をともに導き出している．（ヘイルはそれぞれを「容量」と「境界」と呼んだ．）そして，一般に多次元幾何学の明快な説明を与えている．ヘイルは，「この軌跡は無限次元空間ではまったく何も含みえない」という発見の不思議さを明確に認識している．この主題について締めくくるのはヘイルに譲ろう．

　　　無限次元空間においては，どこであれ絶対的で無条件なものが見つかるにちがいないと仮定しても許されるかもしれないが，それとは逆の結論に

到達した．これは高次元空間の不思議の国において私が知っている中で
もっとも興味深いことである．

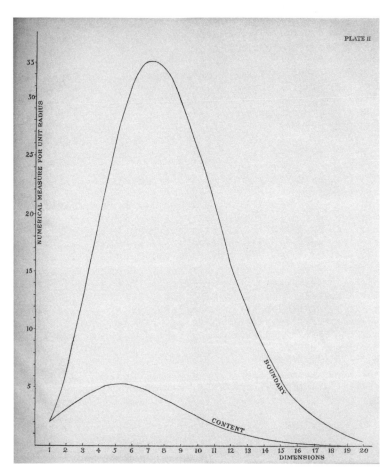

図 **10.4**：次元の関数としての n 球体の体積のグラフは，120 年前にペンシルバニア大学
の大学院生であったポール・レンノ・ヘイルによって描かれた．体積のグラフは「容量
（content）」と名前のつけられた下側の曲線である．上側の曲線は球体の表面積を与え
る．ヘイルはこれに「境界（boundary）」という用語を使った．この図はヘイルの 1897
年の学位論文「n 次元空間における $r =$ 一定の軌跡の性質（Properties of the locus
$r =$ constant in space of n dimensions）」からもってきた．

第 11 章
準乱数によるそぞろ歩き

　1990 年代初期に，当時コロンビア大学の大学院生であったスパシミア・パスコフは，投資銀行ゴールドマン・サックスが発行した CMO（不動産抵当証書担保債券）と呼ばれる一風変わった金融商品の解析を始めた．その目的は，何千とある期間 30 年の住宅ローンによる将来の潜在的なキャッシュフローに基づいて，CMO の現行価値を見積もることであった．この作業は，複利の標準的な公式をただ適用すればよいという問題ではなかった．多くの住宅ローンは，住宅が売られたり借り換えられたりするときに前倒しで返済される．しかし，いくつかのローンは焦げつき，利率は上がったり下がったりする．このようにして期間 30 年の CMO の現行価値は，360 ヶ月の不安定で互いに依存する毎月のキャッシュフローに依存する．要するにこの作業は，360 次元空間の積分の評価あるいは体積の測定を意味する．

　厳密解が見つかることは期待できなかった．パスコフと彼の指導教官であるジョセフ・トゥラウブは，準モンテカルロ法と呼ばれるあまり知られていない近似手法を試してみることにした．通常のモンテカルロ法は，取りうる解すべての集合から無作為に標本を取り出す．準モンテカルロ法は標本の取り出し方が異なる．それは完全に無作為ではないが，完全に規則正しくもない．パスコフとトゥラウブは，彼らの準モンテカルロ法のプログラムのうちいくつかは従来の方法よりも速くよい結果が出ることを見つけた．二人の発見によって，銀行家や投資家は数時間ではなく二，三分の計算だけで CMO の価値を査定できるようになった．

　ここで，のちの金融市場での「根拠なき活況」の期間，すなわち複雑な金融派生商品の取引ブームとその結果として金融危機，株価暴落，景気後退，失業がすべて高次元の積分の評価における数学の新規軸に由来すると報告できればいい話になったであろう．しかし，そうではない．この愚かな行いの原因はほかにもあった．

　しかしながら，パスコフとトゥラウブの研究成果には効果があった．そこから準モンテカルロ法のモデルへの関心がみごとに復活したのである．以前の理論的結果では，準モンテカルロ法の技術は 10 次元か 20 次元を超えると失速し始めて，360 次元に達するには確実に長くかかることが示唆されていた．したがって，CMO への試みが成功したことは意外であり，数学者はそれを説明しようと躍起になった．鍵となるのは，同じやり方がほかの問題に対してもうまくいくかどうかである．

　この出来事全体が計算における乱数の奇妙に相反する役割を際立たせている．本来，アルゴリズムは厳密に決定的であるが，それでもその多くは，ときおり硬貨を投げて選択を行う機会によって少しばかりの乱数性を混ぜ込むことから恩恵を受けている．しかしながら，実際には計算機プログラムに供給する乱数はほとんどが真の乱数ではない．それらは擬似乱数，すなわち巧妙な偽物である．それは，乱数のように見えて統計的検定にも合格するが，決定的な生成源から作られることを意味する．興味深いのは，この偽の乱数は少なくともほとんどの目的において完全に機能するように見えるということだ．

　準乱数はさらにもう 1 段階おかしな振る舞いをする．準乱数は着飾って乱数に見えるような努力さえしないのである．それでも，乱数が必要とされる多くのところで準乱数はきわめて有効であるように思われる．ある状況では擬似乱数をしのぐことさえある．

ダーツによる積分

　準乱数と擬似乱数の違いを明確にするのに役立つ簡単なプログラムがある．カエデの葉っぱのような複雑な形状をした図形の面積を推定したいとしよう．この問題を解くのに，少しだけ乱数の助けを借りるよく知られた方法がある．

この葉っぱを面積が分かっている盤上に置き，狙いをつけずに無作為にダーツを投げる．全部で N 本のダーツが盤に当たり，そのうちの n 本が葉っぱの内部に入っているならば，この比 $n : N$ は，盤の面積に対する葉っぱの面積の比を近似する．簡単のため盤の面積を 1 と考えると，葉っぱの面積の見積もりは単純に n/N となる．

ダーツを無作為に放り投げるのは難しく危険でもある．しかし，ダーツの代わりに点を使うことを受け入れる気があり，点を無作為にばら撒かせるのを計算機にまかせるならば，葉っぱの面積を測る試みは簡単できわめてうまくいく．

手近なカエデの木から葉っぱをとってきて，その写真をとり，その輪郭を $1,024 \times 1,024$ のマス目の上に置いた．（図 11.1 を参照のこと．）そして，このデジタル化された画像に無作為に（実際には擬似乱数による）点を打つプログラムを書いた．最初にそのプログラムを実行したときには，$1,024$ 個の点のうち 429 個が葉っぱの上に乗ったので面積の見積もりは 0.4189 になる．色のついたピクセルを数えることによって求まる実際の面積は 0.4185 である．無作為な点による近似は，予想していたのよりも若干良い結果であった．とくに際立ったことはないが，無作為さがうまく働いた事例である．この試行を $1,000$ 回繰り返したとき，葉っぱの面積の平均推定値は 0.4183 であり，標準偏差は 0.0153 であった．

モンテカルロ法という研究分野の基本的なアイディアは，葉っぱの面積を計算するといった数学的な問題を，偶然に左右されるゲームとして再定式化することである．このとき，プレーヤーに期待されるもうけがこの問題の答えになる．単純なゲームでは，毎回の結果の正確な確率を計算できるので，期待されるもうけも正確に割り出すことができる．そのような計算が実行できない場合は，代替手段としてとりあえずゲームをして，どのような結果になるのかを見てみる．これがモンテカルロ・シミュレーションのやり方である．計算機が何度もゲームを行い，結果の平均を真の期待値の推定値として用いる．

マス目に置いた葉っぱの問題では，期待値はマス目の面積に対する葉っぱの面積の比である．N 個の無作為な点を選んで，葉っぱに当たった数を数えると面積比の近似になり，N が増大するほどよい近似になる．N が無限大に近づ

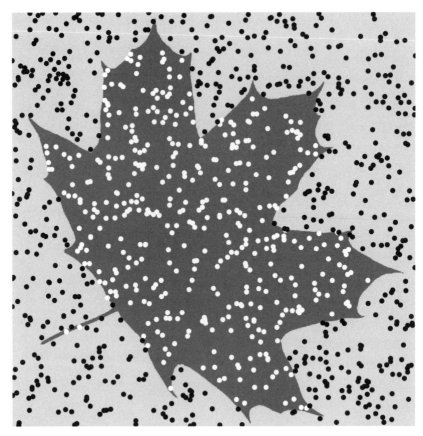

図11.1：複雑な形状，この場合はカエデの葉っぱの面積を見積もるのは，モンテカルロ法として知られている計算手段の古典的な応用である．葉っぱの画像は，面積を1と考えることのできる正方形に埋め込まれている．その発想は，その正方形全体に点を散りばめて，何個の点が葉っぱに当たり（白点）何個の点が外れるか（黒点）を数えることである．当たった点の割合が葉っぱの面積を近似する．この図では，1,024個の点が正方形全体に無作為に散りばめられている．この試行を1,000回繰り返したとき，当たった点の割合の平均は0.4183であり，これは真の面積0.4185にきわめて近い．

図 **11.2**：乱数は一般的にモンテカルロ法の必須要素とみなされているが，点が結晶格子に並んでいる場合でも葉っぱの面積を測定する試みはうまくいく．32×32 の碁盤の目に並んだ 1,024 個の点によって，面積の見積もりは 0.4209 になり，真の値 0.4185 とわずかに異なる．

くと，その測定は正確になる．この最後に述べたことは，単に経験的な観測で
はなく，数学の定理，具体的には大数の法則によって保証される．これは，硬
貨に偏りがなければ試行回数が十分多ければその半分は表がでることを保証す
るのと同じ原理である．

次元の呪い

　乱数は，このモンテカルロ法の説明のなかではっきりとした役目を担ってい
る．とくに，大数の法則を用いるためには標本点が無作為に選ばれていなけれ
ばならない．ただその図をみるだけで，乱数による標本がうまくいく理由が簡
単に分かる．それは点が至るところにばら撒かれているからである．そう簡単
に分からないのは，ほかの種類の標本点の配置では目的にかなわない理由であ
る．結局，葉っぱの面積は，正方形の中に碁盤の目に点を並べて当たりの数を
数えることで測ることができる．この実験を，私の葉っぱの図に 32 × 32 の碁
盤の目に並べた 1,024 個の点を配置して試してみた．（図 11.2 を参照のこと．）
これで面積の見積もりとして 0.4209 が得られた．これは無作為な点で実行し
たときほど良い値ではないが，それでも真の面積の 0.6% に収まっている．

　また，準乱数による 1,024 個の標本点でも葉っぱを測定してみた．その標本
点の配置は，ある意味でまったくの混沌とまったくの秩序の中間である．（そ
の準乱数のパターンの構成法についての説明は，この章で後述する囲み記事
「準乱数の構成法」を参照のこと．）葉っぱに当たった準乱数による点を数える
ことによる面積の見積もりは 0.4141 であり，誤差は 1% であった．（図 11.3 を
参照のこと．）

　これらの三つの手続きはどれもまずまずの結果が得られる．これは三つがい
ずれも同程度に強力であることを意味するのか．そうではなく，葉っぱの面積
を 2 次元で測るのは簡単な問題であることを意味すると考えられる．

　このような測定は高次元ではもっと難しくなる．その理由を理解するには，
多次元思考の鍛錬が要求される．1 辺の長さが 1 の d 次元「立方体」と，その
内部にあるそれぞれの次元に沿った辺の長さが 1/2 であるような小さな立方体
を想像してみよう．（図 11.4 を参照のこと．）$d = 1$ の場合，立方体は単なる線

分であり，その体積は長さに等しい．したがって小さな立方体の体積は大きな
立方体の半分になる．$d = 2$ の場合，立方体は正方形であり，その体積は面積
である．小さな立方体の体積は 1/4 になる．$d = 3$ の場合は通常の立方体に対
応し，小さな立方体が占める体積はちょうど 1/8 である．このように進行し続
けて $d = 20$ 次元に達すると，小さい立方体のそれぞれの次元に沿った辺の長

図 11.3：準モンテカルロ法では，無作為と整然の中間に位置するような独特の標本点を
用いる．その狙いは，長距離秩序のない点の密度が一様になるのを保証することである．
カエデの葉っぱに対して，準乱数による面積の見積もりは 0.4141 で真の面積より約 1%
小さい．

さは 1/2 のままだが，体積は全体のたった 100 万分の 1 ほどを占めるだけである．数学者リチャード・ベルマンはこの現象を「次元の呪い」と呼んだ．

　体積が 100 万分の 1 の小さい立方体を測定，もしくはその存在の検出だけでもしたいならば，小さな立方体の内部から少なくとも 1 個の標本点が得られるほど多くの標本点が必要である．言い換えると，小さい立方体に当たった点を数えるとき，少なくとも 1 個の点を数える必要がある．20 次元の碁盤の目状のパターンでは，100 万個（もっと正確には $2^{20} = 1{,}048{,}576$ 個）の点が必要ということである．乱数による標本の場合，大きさに対する要求は確率的で少しあいまいではあるが，1 個の点が当たることを期待したいのなら，必要な点の数はやはり 2^{20} 個である．準乱数の標本点の解析も同じである．たしかに，体積 $1/2^d$ の物体を手探りで闇雲に探すのならば，2^d 個の場所を調べなければな

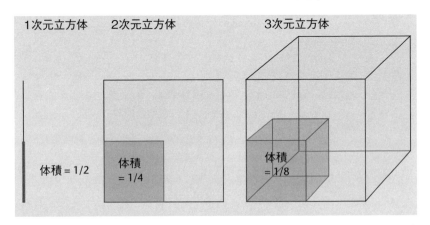

図 11.4：体積を見積もることは，高次元空間になるほど累進的に難しくなる．この現象は「次元の呪い」と呼ばれる．1 辺の長さが 1 の d 次元立方体の内部に 1 辺の長さが 1/2 であるような小立方体があるとしよう．$d = 1$ の場合（この場合「立方体」は実際には線分であり，体積は長さになる），小立方体は全体積の半分を占める．$d = 2$ の場合（この場合「立方体」は正方形であり，その体積は面積になる），小立方体が占める体積の割合は 1/4 であり，$d = 3$ の場合には 1/8 である．この小立方体が占める体積の割合は $1/2^d$ と縮んでゆき，その小立方体の存在を検出するためには，おおよそ 2^d 個の標本点が必要になる．

らないのでどのような順序で探索を行うかはほとんど問題にならない.

　実世界の問題がこれと同じくらい難しいのであれば，厳しい状況になるだろう．360次元の積分を取り扱うことはどうやっても無理である．しかし，その規模のいくつかの問題はモンテカルロ法に屈することが分かっている．もっともらしい推測は，解くことのできる問題はその探索を加速するなんらかの内部構造をもつというものだ．さらに，標本点のパターンの選び方によって違いが生じるように思われ，**真の乱数**，**擬似乱数**，**準乱数**，**非乱数**という段階の間にはいずれも有意な区別をつけられる.

さまざまな種類の乱数

　数の集合における乱雑さの概念は少なくとも三つの構成要素からなる．まず，無作為に選ばれた数は予測不可能である．すなわち，数の選び方を規定する固定された規則はない．つぎに，それらの数は独立であり，相関関係にない．すなわち，一つの数が分かっても，ほかの数を推測する助けにはならない．最後に，乱数は偏りがなく一様に分布する．すなわち，取りうる値の空間をどのように分割したとしても，それぞれの領域には公平に分配されることが期待できる.

　これらの概念は，真の乱数，擬似乱数，準乱数，そして整然とした集合を区別するのに役立つ鍵になる．真の乱数は，これら三つの特性をすべてもつ．すなわち，真の乱数は予測不可能で相関がなく偏りがない．擬似乱数は予測不可能性を放棄する．すなわち，擬似乱数は明確な算術規則によって生成され，その規則を知っていればその全系列を再現できる．しかし，擬似乱数も相関はなく偏りもない．（少なくともそのよい近似となっている.）

　準乱数は予測可能であり高度に相関している．準乱数を生成する明確な規則があり，それが作り出すパターンは結晶格子ほど厳格ではないもののかなりの規則性をもつ．準乱数が失くしていない唯一の乱雑さの要素は，一様な分布，すなわち公平な分布である．準乱数はできるかぎり公平かつ均等に広がる.

　立方格子のように高い秩序をもつ集合は，乱雑さのいかなる性質も満たさない．これらの点は予測不可能性や独立性の検査に失格することは自明である

が，一様分布ではないことはもしかしたらそれほど明らかではない．結局のところ，N 個の点からなる格子を N 個のそれぞれがちょうど 1 個の点を含むような小さな立方体に切り分けることは可能である．しかし，これでこの格子が公平かつ均等に分布しているとみなすには十分ではない．均等な分布の理想としては，空間がどのような同一領域 N 個の集合に分けられたとしても，それぞれの領域に 1 個の点が含まれるように N 個の点が配置されていてほしい．領域が軸に平行に切り分けられた場合，碁盤の目に並んだ格子点はこの検査に失格する．

　この乱雑さの三つの側面は，別の文脈でも重要である．もう一つのモンテカルロ，すなわちモナコにあるカジノの場合には，予測不可能性がすべてである．暗号への乱数の応用も同様である．これらの場合，敵対者はその規則性のいかなる兆候をも検出して利用しようとする．

　ある種の計算機シミュレーションは，連続する乱数の間の相関に非常に敏感なので，独立性は重要である．しかしながら，ここで論じている体積の推定については，分布の一様性がもっとも重要である．そして，準乱数は，予測不可能性や相関のなさを装うのをすべて諦めることで高度な一様性を達成することができる．

ほんのわずかの乖離度

　分布の一様性は，その逆の観点によって測られる．これは乖離度（ディスクレパンシー）と呼ばれる．2 次元の正方形の中にある点では，乖離度は次のようにして計算される．座標軸に平行な辺をもち，その正方形の内部に描くことのできるすべての長方形を考える．そのような長方形それぞれに対して，それが含む点の個数を数え，また分布が完全に一様であったならば長方形の面積に基づいてそれが含むであろう点の個数を計算する．すべての取りうる長方形に中でこれらの数の差が最大になるものが乖離度の尺度になる．

　スター乖離度と呼ばれる乖離度の別の尺度は，座標軸に平行で一つの頂点を単位正方形の原点に固定した長方形の部分集合だけを調べる．（図 11.5 を参照のこと．）スター乖離度は，一般の乖離度よりも計算が簡単である．ほかに

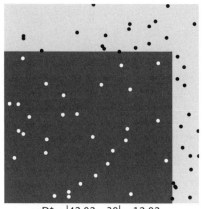

$$D^* = |42.02 - 30| = 12.02$$

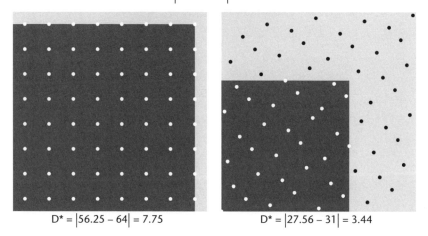

$$D^* = |56.25 - 64| = 7.75 \qquad D^* = |27.56 - 31| = 3.44$$

図 11.5：乖離度は，点の集合が一様な空間分布からどれほどかけ離れているかを測る．ここで例示するスター乖離度（D^* と表記する）と呼ばれる特別な尺度は，一つの頂点が左下隅に固定された長方形を用いて定義される．このような任意の長方形に対して，D^* はそれに含まれると予想される点の個数と実際の個数の差である．このようなパターン全体に対して，D^* は最悪の場合，すなわち前述の差が最大になるような長方形によって与えられる．この図では，擬似乱数（上），格子（下左），準乱数（下右）それぞれ 64 個の点のパターンに対してスター乖離度を測定する．準乱数の配置は乖離度が最小になるように設計されている．

も，長方形の代わりに円や三角形に基づく測り方も定義することができる．このような測り方はすべてが同値というわけではない．結果はその図形の形状に大きく依存する．興味深いことに，乖離度を測定するプロセスはモンテカルロ法のプロセスそのものとよく似ている．

　格子状の点は縦や横に長く並ぶので，乖離度に関していえば思わしくない．点をまったく含まない無限に細長い長方形は，横方向全体を覆うことができる．このような最悪の場合の長方形から，N 点からなる正方格子の乖離度は $\sqrt{N}$ であることが導かれる．興味深いことに，乱数あるいは擬似乱数の格子の乖離度も約 $\sqrt{N}$ であることが分かる．言い換えると，乱数による 100 万個の点の配列において，含まれる点が 1000 個多いか 1000 個少ないような長方形が少なくとも一つある可能性が高い．

　準乱数のパターンは，このような乖離度の高い長方形が描ける条件をすべて潰すように慎重に設計されている．準乱数による点に対して，乖離度は N の対数程度の低さであり，これは $\sqrt{N}$ よりもかなり小さい．たとえば，$N = 10^6$ において $\sqrt{N} = 1{,}000$ であるが $\log N = 20$ である．（この対数は 2 を底としている．）

　乖離度は，モンテカルロ法や準モンテカルロ法の性能を評価する際の鍵となる要因である．乖離度は，与えられた標本の大きさに対して予想される誤差の水準あるいは統計的不正確さを測る．乱数による標本を用いる従来のモンテカルロ法では，予想される誤差は $1/\sqrt{N}$ 程度に減る．準モンテカルロ法では，d を空間の次元とすると，対応する収束率は $(\log N)^d/N$ である．（ここではいくつかの定数や詳細について無視しているので，正確な値ではなく増加率に対してのみ有効な比較である．）

　乱数による標本の収束率 $1/\sqrt{N}$ はひどく遅いこともある．精度をもう一桁上げようとすると N を 100 倍に増やす必要がある．これは 1 時間の計算がいきなり 4 日間になることを意味する．この緩慢さの理由は，乱数の分布がかたまりになりやすいことである．二つの点がすぐ近くにあると，同じ領域の標本が二度とられるので計算機の努力が無駄になる．その一方で，点の間の隙間によって標本がとられない区域が残り，その結果として誤差を積み重ねることになる．

この欠点の埋め合わせとして，乱数による標本は収束率が空間の次元に依存しないという非常に重要な利点がある．プログラムが100次元の第一近似を求めるときでも2次元の場合と同じ速さで実行される．この点に関して準モンテカルロ法は異なる．係数 $(\log N)^d$ を無視できれば，準モンテカルロ法の性能は乱数による標本に比べて劇的に優れている．収束率は $1/N$ であり，これは精度を一桁増やすために求められるのは N を10倍に増しさえすればよい．しかしながら，$(\log N)^d$ の部分を無視できない．この係数は次元 d が増えるに従って指数関数的に大きくなる．その影響は1次元や2次元では小さいが，いずれは莫大な値になる．たとえば，10次元では N が 10^{43} を超えるまでは $(\log N)^{10}/N$ が $1/\sqrt{N}$ よりも大きい．

このように高次元では収束が遅いことが知られていたので，パスコフとトゥラウブが $d = 360$ の金融計算に成功したのは驚くべきことであった．唯一のもっともらしい説明は，この問題の「実質的な次元」が実際には360よりかなり低いというものである．言い換えると，測ろうとしている体積は実際にはその空間のすべての次元には広がっていないということだ．（同じように，紙切れは3次元空間にあるが，厚みがないことにしても失うものはあまりない．）

この説明は味も素っ気もないように思えるかもしれない．計算がうまくいったのは，道具が強力だったからではなく，問題が見かけよりも簡単だったからだというのである．しかし，360次元のうちのどれを無視しても支障がないか分からないときでさえ，次元を効果的に減らすのに成功していることに注意しよう．これはほとんど魔法である．

この現象はどれほど一般的なのか．単なるまぐれ当たりか，それとも狭い範囲の問題に限られたことなのか．その答えはまだ完全には解明されていないが，「測定の濃度」と呼ばれる概念によって楽観的な理由が説明される．これは，高重力惑星で切り立った山脈の地形を作るのは高くつくのと同じように，高次元の世界は多くの場合にかなり滑らかで平らな場所であることを示唆する．

準乱数の構成法

　乖離度の低い数のパターンは，準モンテカルロ法が考案されるずっと前から研究されていた．1930年代にオランダの数学者ヨハネ・G.ファンデルコルプトは，相異なる要素からなる無限数列をそれぞれの段階で測った乖離度がある有限の範囲をけっして超えないように単位区間（0から1までの数直線の区間）に一つずつおくことができるかと問うた．10年後にオランダの別の数学者タティアナ・ファンアーデン・エーレンフェストはその答えがNOであることを証明した．乖離度は限りなく大きくなるのである．それにもかかわらず，ファンデルコルプトの研究成果から一連の低乖離度の数列と準乱数が生み出された．

　ファンデルコルプト数列を作り出す手続きは，数（数学的実体）を数項（数字列としての数の表現）として混ぜ合わせる点で独特である．基本的な考え方は，整数をもってきてその数字を逆順にし，先頭に小数点を置いてその結果を0と1の間の小数として扱うことである．この操作はどんな基数に対しても行うことができる．たとえば2を基数にすると，数100（十進法では4）は001になり，それが0.001になる．これは分数1/8の二進表現である．

　N個の点からなる2次元の準乱数パターンを作るには，整数列$i = 0, 1, 2, \ldots, N-1$から始める．それぞれの点に対して，そのx座標をi/Nとして，y座標をiに対してファンデルコルプトの数字を逆転する手続きで与える．$N = 8$の結果は上の図のようになる．ほかにも低乖離度列のアルゴリズムが数多く開発されてきているが，そのほとんどが数項の数字の混ぜ合わせを利用している．

　このような仕組みによって作られたパターンは，秩序と混沌の間の微妙なバランスを保っている．点の間隔はかなり一様なので，規則性のない集合の乖離度を生じるようなかたまりや隙間はない．しかし，この一様分布は，点が一列に並んだり乖離度を増加させるそのほかの構造をもったりしないようにして達成しなければならない．このような競合する目標のバランスをとることは2次元では難しくないが，高次元では妥協を余儀なくされる．

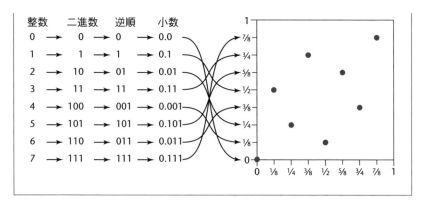

同質無作為性

　モンテカルロ法は目新しい考え方ではないし，準モンテカルロ法もしかりである．乱数による標本に基づいたシミュレーションは，フランシス・ゴルトンやケルヴィン卿などによって一世紀以上前から試みられていた．その当時は，彼らは真の乱数を使って作業していた．（そして，サイコロを振ったり回転盤を回したり袋から紙片を取り出したりして，乱数を生成するのにかなりの時間を要した．）

　モンテカルロ法そのものは，第二次世界大戦後の何年かの間にロスアラモス研究所で考案され，その名前がつけられた．このアイディアがそこで生まれたことは驚くに当たらない．彼らは（CMOよりももっと差し迫った）大きな問題を抱えていて，初期のディジタル計算機（ENIACやMANIAC）を使うことができ，創造的な問題解決の人脈（スタニスワフ・ウラム，ジョン・フォン・ノイマン，ニコラス・メトロポリス，マーシャル・ローゼンブルース）があった．当初からロスアラモスの研究グループは擬似乱数を用いていた．1949年にフォン・ノイマンは，モンテカルロ法の最初の学術会議で次のような有名な警句を述べた．「四則演算によって乱数を作り出そうと考える者は皆，言うまでもなく神に背こうとしている．」そして，フォン・ノイマンは神に背く道へと進んだ．

　準モンテカルロ法もそれほど遅れをとりはしなかった．準モンテカルロ法に

関する最初の出版物は，ロスアラモス研究所の理論部門長であったロバート・D. リヒトマイヤーによる 1951 年の報告書である．この論文の登場は印象的である．この論文は，準乱数による標本を使う動機を示し，多くの用語を導入し，その数学を説明している．しかし，うまく行かなかった試行の報告として提示されたものでもある．リヒトマイヤーは準モンテカルロ法の計算によって収束時間が改善されることを示したかったが，その結果は否定的なものだった．私は否定的な結果を報告することの熱心な信奉者であるが，この場合の報告はさらなる探求を妨げたであろうと認めざるをえない．

1968 年に当時ウィスコンシン大学マディソン校にいた S. K. ザレンバは，準乱数による標本の大げさな擁護（と擬似乱数に対する痛烈な批判）を書いた．私に言える限りにおいては，これで意見を変えた人はほとんどいなかった．

背後にある低乖離度列の数学の研究は何十年かにわたって着実に進展した．（なかでも注目すべきは，クラウス・フリードリヒ・ロス，I. M. ソボル，ハラルド・ニーダーライター，イアン・H. スローンによる研究だろう．）今や応用に対する新たな関心も生まれ，それはウォール街のクオンツの間だけにとどまらない．物理学やそのほかの科学でも同じように人気を博している．コンピュータ・グラフィックスのレイ・トレーシングもまた有望な分野である．

擬似乱数と準乱数の繁栄が交代したことはもっと広い動向の文脈で見ることもできる．19 世紀には，いかなる種類の乱雑さも歓迎されない邪魔者であり，それが必要なところ（熱力学やダーウィンの進化論）でのみ仕方なく供された．これとは対照的に，20 世紀にはすべてのことが狂ったように無作為性に心を奪われた．モンテカルロ法のモデルはこのような動向の一部であった．量子論は，神がサイコロを振るという主張によって，幅を利かせていた．ポール・エルデシュは数学的証明の方法論に乱択法を導入した．これはおそらくもっとも期待されそうにない場所である．計算機科学では，確率的アルゴリズムが大きな研究テーマになった．この考え方は芸術にも流れ込み，偶然性の音楽やジャクソン・ポロックの絵の具を撒き散らす絵画になった．そして，カオス理論も登場した．アルフレッド・ボークによる 1967 年の論文では，乱雑さを「今世紀の基本的特徴」と呼んだ．

だが今ではこの繁栄の振り子は，とりわけ計算機科学において反対側に振れ

ているかもしれない．それでも確率的アルゴリズムは実用上は非常に重要であるが，知的興奮は決定的プログラムによって同じ仕事が行えることを示している脱ランダム化のほうに偏っている．すべてのアルゴリズムが脱ランダム化できるかは未解決問題である．深く物事を考える人たちは，この答えが肯定的であることが判明するだろうと信じている．彼らが正しければ，それでも乱雑さは便利かもしれないが，計算において本質的な強みはないことになる．

　準乱数は，わずかな乱数性をできるだけ少量にすることを優先しながら同じ方向に導いてくれるように思われる．これから起きることは，活性薬剤が希釈されればされるほどその効能は大きくなるという一種の同質療法の原則かもしれない．薬物療法としてはこれは馬鹿げているが，おそらく数学や計算機科学ではうまくいくのだろう．

第 12 章
紙と鉛筆と円周率

　ウィリアム・シャンクスはヴィクトリア時代における最高のコンピューターの一人であった．この時代にコンピューターという用語は，機械ではなく計算に長けた人（計算手）を表す．シャンクスの得意分野は数学定数であり，もっとも意欲的な企ては円周率 π の数値計算による新記録樹立であった．1850 年に始まり，20 年以上にもわたってその作業にときおり立ち戻ることで，最終的にはよく知られた 3.14159 で始まる π の小数点以下 707 桁までの値を発表した．

　21 世紀の観点から見ると，シャンクスは痛ましい人物である．彼の忍耐強い苦労はすべてとるに足らないものになってしまった．ノート PC があれば誰でも π の数百桁を数マイクロ秒で計算できる．おまけにノート PC は正しい答えを出すだろう．シャンクスは 530 桁あたりから相次ぐ誤りを犯し，それ以降の結果を台無しにした．（図 12.1 を参照のこと．）

　私はシャンクスと彼が計算した 707 桁について長らく気になっていた．この

図 12.1（見開きページ）：π の十進展開における数字を，左から右に数字が大きくなり，上から下に向かって桁が大きくなるような点で表す．左の図は正しい値とウィリアム・シャンクスが 1850 年と 1873 年の間に計算した値それぞれの 707 桁を示している．この二つの値が一致するところは灰色の点で，それらが一致しないところでは正しい値を黒色，シャンクスの値を白色の点で表す．右の図は，500 桁から 707 桁までを拡大したものを示し，水平の直線は一致しない値をつないでいる．誤りは 528 桁目から始まる．

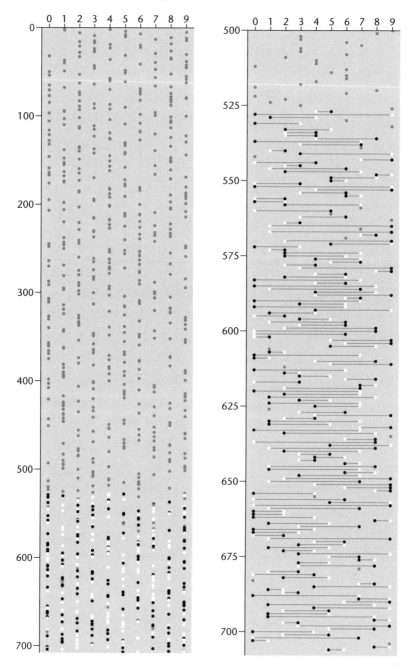

並外れた計算手は何者なのか．何が彼をこのような途方もない計算への挑戦に
着手させたのか．πの計算において波打つように並んだ数字や，非常に骨の折
れる一連の掛け算と割り算を卒なくこなすという課題にどのように取り組んだ
のか．そして，その偉業の終わり間際でどんな手違いが生じたのか．

　これらの問いに答える一つの方法は，大量の紙を買い，たくさんの鉛筆を
削って，シャンクスの足取りをたどってみることだろう．私にはそれを行う根
気はなかったし，平均寿命もそれほどなかった．しかし，いくつかの筆算のア
ルゴリズムを計算機上で実行するように改良することで，シャンクスにとって
この計算の過程がどのようであったかを垣間見た．シャンクスのいくつかの誤
りが紛れ込んだところも分かったと考えているが，まだ解明できていないとこ
ろがたくさんある．

わずかな余暇の期間

　ウィリアム・シャンクスの詳細な経歴についてはほとんど手に入らない．
シャンクスが1812年に生まれ，1846年に結婚し，1882年に亡くなったことが
分かっている．シャンクスはイングランド北東部，スコットランドとの境界近
くの村コーセンサイド出身である．結婚後は，これもイングランド北東部の町
であるホートン・ル・スプリングに住み，そこで全寮制の学校を経営した．

　いくつかの出典から，シャンクスはウィリアム・ラザフォードの生徒である
ことが分かる．ラザフォードは，陸軍士官学校で教鞭をとり，πの計算も手が
けていた．シャンクスがラザフォードとともに研究をしたのは正しいが，それ
は大学生と指導教官という関係ではなかった．シャンクスがπに関する小冊子
を1853年に出版したとき，ラザフォードに対して「彼から数についての最初
の授業を受けた」と献辞を記した．ラザフォードは1820年代にコーセンサイ
ドからそう遠くない学校で教えていたことが分かっている．そのときシャンク
スは10歳か12歳の少年であり，ラザフォードの生徒の一人であったにちがい
ない．

　シャンクスがその後どのような教育を受けたかについては何も分からなかっ
た．大学の学位についての言及もない．ラザフォードは良き指導者でありつづ

け，共同研究者にもなった．この二人はπの計算を互いに検算しあい，いくつかの結果は共同で発表した．

　結局，シャンクスは数学者としては素人であり数学界の重要人物はなかったが，変り者ではなかった．シャンクスは英国王立協会紀要に15編の論文を発表した．シャンクスは王立協会会員になったことはないが，王立協会フェローに代理で論文を投稿してもらうことになんの問題もなかったようだ．その後援者のうちの何人かは彼の1853年の著書の購入者として名を連ねた．それには，ジョージ・ストークス，ジョージ・B. エアリー，ウィリアム・ヒューウェル，オーガスタス・ド・モルガンといった英国の科学や数学における著名な人物も含まれていた．

　紙と鉛筆による計算は，19世紀には珍重される技能であった．素数表の編纂は，本職の数学者にとって立派な仕事であった．（ガウスもそれを行った．）数表作成は景気のいい業界であった．（バベッジが階差機関を作るときに念頭に置いたのは数表であった．）高い精度で数学定数を計算したのはシャンクスだけではないし，シャンクスは単なる円周率屋ではなかった．シャンクスは（いずれもオイラーに関連した数である）eやγの値，いくつかの小さい整数の対数や60,000までのすべての素数の逆数の周期も高い精度で計算した．それでもπを707桁まで延々と書き下すのは，数学研究への貢献というよりは風変わりな行為に近い．シャンクスはこの企てがそのぎりぎりのところであることを理解していたように思われる．シャンクスがこの計算について書いた本は次のように始まる．

　　　1850年の暮れに向けて，筆者はまず円を300桁を超える小数に直すための設計を行った．その時点で，その目的を達成しても，計算手としてはともかくも数学者としての名声にほぼ何も加わることはなく，また，このような長ったらしい計算の苦労に十分見合う金銭的な報酬の形になるものは何も生み出さないことははっきり分かっていた．筆者は，独創的であると同時にそれが思索の大きな緊迫感や本を調べることにならないような何かを達成することでわずかな余暇の期間を埋めたいと切望していた．

名声と資金の見返りが限られたものであることについてシャンクスはまさに正

しかった．購入者の一覧は，36部が売れたことを裏付けている．彼が思索の緊迫感をうまく回避したのであればいいのだが．

円周率の計算方法

πを計算する方法は数え切れないが，19世紀の計算手のほぼ全員が逆正接の公式を使った．この方法は，半径が1で周長が2πの円についての幾何学的考察から導かれる．図12.2に示したように，円の中心に作られた角によって円

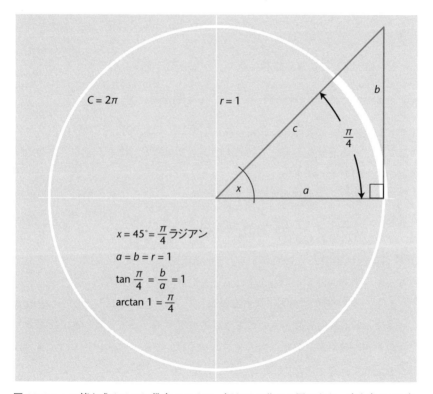

図12.2：πの値を求めるのに役立つパイの一切れは8分の1円であり，中心角は45度，すなわちπ/4ラジアンである．灰色の三角形における比b/aとして定義されるこの角度の正接は1に等しい．したがって，1の逆正接を計算すると，π/4の数値が求まる．

周に沿った円弧と3辺が a, b, c の直角三角形が定まる．逆正接関数（正接関数の逆関数）は辺 b（この角の「対辺」）の長さと円弧の長さを関係づける．とくに，b の長さが1のとき，その円弧は円周の8分の1であり，その長さは $\pi/4$ に等しい．等式 $\arctan 1 = \pi/4$ が π を計算するための鍵になる．$\arctan 1$ の数値を求めることできれば，$\pi/4$ の近似値が得られる．この数を4倍すると π そのものの値になる．

つぎに，逆正接をいかにして高精度で計算するかが問題になる．微積分の先駆者たちはが -1 と $+1$ の間にある任意の x の値に対して $\arctan x$ の値を求める次のような無限級数を考案した．

$$\arctan x = \frac{x^1}{1} - \frac{x^3}{3} + \frac{x^5}{5} - \frac{x^7}{7} + \cdots$$

$x = 1$ の場合は，この無限級数は次のようなとくに簡単な形式になる．

$$\arctan 1 = \frac{1}{1} - \frac{1}{3} + \frac{1}{5} - \frac{1}{7} + \cdots$$

結果として，$\pi/4$ を計算するためには，この無限級数の項，すなわち正負が交互に入れ替わる連続する奇数の逆数を和が必要な精度に達するところまで足し合わすことができればよい．

悲しいことに，このやり方はうまくいかない．$x = 1$ において，この逆正接の級数は腹立たしいほどゆっくりにしか収束しない．π を n 桁まで得るためには，この級数のおおよそ 10^n 項までを足し合わせる必要がある．シャンクスは 10^{700} 項以上も計算しなければならなかっただろうが，これはビクトリア時代のもっとも果敢な計算手でさえ手に負えない計算である．

しかし，まだ望みはある．x がゼロに近い値の場合には，逆正接の級数はもっとすみやかに収束する．このとき，その和が $\arctan 1$ と同じ値になるように複数の逆正接の計算を組み合わせるのがミソである．シャンクスは，英国の数学者ジョン・マチンが1706年に発見した次の公式を用いた．

$$\frac{\pi}{4} = 4 \arctan \frac{1}{5} - \arctan \frac{1}{239}$$

シャンクスは一つではなく二つの逆正接の級数を計算しなければならなかったが，この級数はいずれもずっと速く収束する．

図 12.3 は，arctan 1/5 と arctan 1/239 の級数の最初の 3 項の計算を示したもので，5 桁の精度を保っている．計算された π の値の誤差は 0.00007 である．手作業でこの計算を実行するのに，算術の特別な技能は必要ではない．しかし，これが何百項にもなり何百桁にもなったときのことを想像してほしい．基本的な演算は同じであるが，すべての桁を真っ直ぐに揃えるのは記帳作業における悪夢である．

arctan 1/5 を計算する際，シャンクスは 506 項のそれぞれを 709 桁目まで計算した．おそらく，シャンクスは正の項と負の項を別個に足し合わせたのだろう．彼がこのような足し算の問題を一度に書き下そうとしたら，709 桁の数が 253 行になり，全部でほぼ 180,000 個の数字になる．これは幅 2 メートル，高さ 1 メートルの紙を埋め尽くすことになるだろう．（図 12.4 を参照のこと．）1870 年代にそのような大きな一枚紙が作れたであろうか．エンペラーと呼ばれる 4 フィート ×6 フィート（約 122 センチ ×183 センチ）というサイズが載っている一覧を見つけた．もちろん，シャンクスは小さな紙を貼り合わせることもできたし，特注の文具なしに扱えるよう小さな部分問題に分解することもで

$$
\begin{array}{lclclclcr}
\arctan x & = & \dfrac{x^1}{1} & - & \dfrac{x^3}{3} & + & \dfrac{x^5}{5} & & \\[2ex]
\arctan \frac{1}{5} & = & 0.20000 & - & 0.00267 & + & 0.00006 & = & 0.19739 \\
 & & & & & & & & \times \quad 4 \\ \cline{9-9}
 & & & & & & & & 0.78956 \\
\arctan \frac{1}{239} & = & 0.00418 & - & 0.00000 & + & 0.00000 & = & -\,0.00418 \\ \cline{9-9}
 & & & & & & & & 0.78538 \\
 & & & & & & & & \times \quad 4 \\ \cline{9-9}
 & & \multicolumn{5}{r}{\pi = 4\left(4 \arctan \frac{1}{5} - \arctan \frac{1}{239}\right)} & \approx & 3.14152
\end{array}
$$

図 12.3：arctan 1/5 と arctan 1/239 の無限級数の最初の 3 項を足し合わせることによって π を大まかに計算できる．arctan 1/5 の級数では，第 1 項は単に (1/5)/1 であり，第 2 項は $(1/5)^3/3$ である．それぞれの項を小数点以下 5 桁まで求めた．これらの値を（最下段の）ジョン・マチンの公式に当てはめると，π の 4 桁目までの正しい値が得られる．

きただろう．それは計算を物理的に扱いやすくするが，中間結果を一つの紙からほかの紙に書き写したり，繰り上がりを移動させたりすることや，行や列が揃わない恐れがあるといったほかの代償を払うことになる．

　シャンクスのファンであるアーウィン・エンガートは，マチンの逆正接の公式を20桁，40桁，100桁計算して，鉛筆と紙による計算の苦労を検証した．この作業において，桁を揃え続けるのはかなり厄介な難題なのでエンガートは大きな桁の計算には罫線を引いた用紙を印刷した．直接の証拠はもちあわせていないが，シャンクスも同じようにしたのかもしれない．

筆算向きのアルゴリズム

　計算機では，$\arctan x$ の級数の第 n 項までを足し合わせるのは次のようなたった数行のプログラムである．

```
0.2000000000 0000000000 0000000000 0000000000 0000000000 0000000000 0000000000 0000000000 0000000000 0000000000
0.0000640000 0000000000 0000000000 0000000000 0000000000 0000000000 0000000000 0000000000 0000000000 0000000000
0.0000000568 8888888888 8888888888 8888888888 8888888888 8888888888 8888888888 8888888888 8888888888 8888888888
0.0000000000 6301538461 5384615384 6153846153 8461538461 5384615384 6153846153 8461538461 5384615384 6153846153
0.0000000000 0007710117 6470588235 2941176470 5882352941 1764705882 3529411764 7058823529 4117647058 8235294117
0.0000000000 0000009986 4380952380 9523809523 8095238095 2380952380 9523809523 8095238095 2380952380 9523809523
0.0000000000 0000000013 4217728000 0000000000 0000000000 0000000000 0000000000 0000000000 0000000000 0000000000
0.0000000000 0000000000 0185127900 6896551724 1379310344 8275862068 9655172413 7931034482 7586206896 5517241379
0.0000000000 0000000000 0000260301 0482424242 4242424242 4242424242 4242424242 4242424242 4242424242 4242424242
0.0000000000 0000000000 0000000371 4566310054 0540540540 5405405405 4054054054 0540540540 5405405405 4054054054
0.0000000000 0000000000 0000000000 5363471355 0048780487 8048780487 8048780487 8048780487 8048780487 8048780487
0.0000000000 0000000000 0000000000 0007818749 3530737777 7777777777 7777777777 7777777777 7777777777 7777777777
0.0000000000 0000000000 0000000000 0000011488 7745596186 1224489795 9183673469 3877551020 4081632653 0612244897
0.0000000000 0000000000 0000000000 0000000016 9947155749 8300377358 4905660377 3584905660 3773584905 6603773584
0.0000000000 0000000000 0000000000 0000000000 0252833663 2909752140 3508771929 8245614035 0877192982 4561403508
0.0000000000 0000000000 0000000000 0000000000 0000378007 0506907695 0032786885 2459016393 4426229508 1967213114
0.0000000000 0000000000 0000000000 0000000000 0000000567 5921253449 0928049230 7692307692 3076923076 9230769230
0.0000000000 0000000000 0000000000 0000000000 0000000000 8555011744 3290674161 1594202898 5507246376 8115942028
0.0000000000 0000000000 0000000000 0000000000 0000000000 0012937990 3640264252 4300273972 6027397260 2739726027
0.0000000000 0000000000 0000000000 0000000000 0000000000 0000019625 4191495881 3595302233 7662337662 3376623376
0.0000000000 0000000000 0000000000 0000000000 0000000000 0000000029 8500202373 9825122731 2987654320 9876543209
0.0000000000 0000000000 0000000000 0000000000 0000000000 0000000000 0455125014 4431545128 3056037647 0588235294
0.0000000000 0000000000 0000000000 0000000000 0000000000 0000000000 0000695471 9321827979 0724669900 2247191011
0.0000000000 0000000000 0000000000 0000000000 0000000000 0000000000 0000001064 8946574497 8948378419 2880860215
0.0000000000 0000000000 0000000000 0000000000 0000000000 0000000000 0000000001 6335703611 1885232151 6370110020
```

図12.4：単に逆正接の級数のすべての項を書き下してそれらを足し合わせるのは，シャンクスにとって骨の折れる作業だったにちがいない．ここでは，$\arctan 1/5$ の級数の最初の25個の正項をそれぞれ100桁の精度で計算し，小さな数字で印刷した．シャンクスは253個の正項をそれぞれ709桁まで計算した．それを普通の大きさで書くと，幅2メートル，高さ1メートルの紙を埋め尽くすことになる．

```
function arctan(x, n)
    sum = 0
    for k from 0 to n-1
        sign = (-1)^k
        m = 2 * k + 1
        term = sign * (x^m)/m
        sum = sum + term
    return sum
```

0 から $n-1$ までのそれぞれの整数 k に対して，このプログラムは奇数 m とそれに対応する逆正接級数の項 x^m/m を生成する．式 $(-1)^k$ は，k が偶数の場合には正で奇数の場合には負となってその項の符号を決める．この繰り返しが完了したとき，この関数は累積した第 n 項までの和を返す．ここで表立っていない微妙な点は，数値変数が任意の大きさと精度の数を収容できなければならないことだけである．

筆算をする人は誰もこのアルゴリズムを採用しないだろう．ループを1周回るごとに，プログラムは変数 k と蓄積する和以外のすべての作業結果を捨て去り，級数の次の項を組み立てるために最初からやり直す．手作業で計算する人は，次のべき x^{m+2} を計算する出発点として x^m の値をきっと保存しておくだろう．そして，交互になる符号を記録しておくのに人間の計算手が -1 のべき乗を使うことはない．

このプログラムから不必要な再計算を取り除き将来使う中間結果を保存して，もっと筆算で扱いやすい手順に変換するのは難しくない．計算機でも一桁ずつ計算するアルゴリズム，すなわち小学校で習ってすぐに忘れてしまった掛け算や長い割り算を使うようにプログラムできる．しかしこのような手順は，抜け目なく計算する人の重要な常套手段をいくつか捉えそこねている．

$\arctan 1/5$ の級数に現れるほとんどの項は短い周期の循環小数である．たとえば，項 $(1/5)^9/9$ は $0.000000056888\ldots$ になる．計算機の単純なプログラムは精度の限界に達するまで一桁ずつ割り算を続ける．しかし，シャンクスは間違いなく8を連続して書き込むだけだっただろう．

　基数が 10 である場合の独特の性質から，ある種の近道も得られる．1/5 の奇数乗の列を生成するのに，その基本ステップは 25 で割ることである．エンガートは，それを 100 で割って（すなわち小数点を 2 桁ずらして）4 倍することを提案した．また別の選択肢は，$2^m/10^m$ によって $(1/5)^m$ を計算することである．（この場合も，10 のべき乗での割り算は小数点をずらすだけである．）この後者の可能性に触れたのは，π の計算に関するシャンクスの著書に 2^{721} までの 2 のべき乗の表が含まれていたからである．シャンクスはこれらの数を使って 1/5 のべき乗を計算したのだろうか．それとも，ほかの方法で計算した値を確かめるために使っただけなのだろうか．

　シャンクスは自身の計算方法についてあまり明らかにしていない．そして，シャンクスの手順のいくつかの側面については不確かなままである．たとえば，arctan 1/5 の級数の項は $(1/5)^m/m$ か $1/(m5^m)$ と書くことができる．数学的にはこの二つの式は同じものであるが，異なる計算方法を表している．前者の場合は長い小数の掛け算と割り算になる．後者の場合は大きな整数を作ってからその逆数をとる．シャンクスはどちらの方法を使ったのか．彼はそれを示していない．私がシャンクスの作業を再現しようとするならば，短い周期の繰り返しが多いので arctan 1/5 では小数の乗除を使い続けるが，逆数はそのほかの割り算よりも少し簡単なので arctan 1/239 では逆数をとる方法を選ぶかもしれない．

どこでシャンクスはしくじったのか

　正しい計算はいずれも似通っているが間違った計算にはそれぞれの間違い方があると，トルストイならば言ったかもしれない．そうした考えに基づくと，シャンクスの結果の正しくない桁は正しい桁よりも得るところが多い．正しくない桁は，シャンクスの計算がどこでどのように道を踏み外したかを明らかにするかもしれない．

　シャンクスは π の値を 3 回発表した．1853 年 1 月の（ラザフォードの署名入り）論文では 530 桁までを含み，そのうちの 440 桁はラザフォードによって確認され，わずかな誤植と四捨五入が原因と思われる最後の 2 桁を除きすべて

の桁が正しい. 1853年の春にシャンクスはこの計算を530桁から607桁に伸ばし，この結果を自費出版本『主に円周の607桁の小数への修正を含む数学への貢献』として出版した. 間違いはここで忍び込んだ. 彼が少なくとも4ヶ所で誤りを犯した証拠がある.

この本を発刊したあと，シャンクスは20年間πにかかわらなかった. 1873年にその仕事を再開したとき，シャンクスは二つの逆正接の級数を709桁に，そしてπを707桁にまで伸ばした. これらの計算は以前の欠陥がある結果の上に作られたので，初めから破綻していた. その75年後にD. F. ファーガソンが新たにπを700桁を超えるところまで計算するまで，いずれの誤りも気づかれることはなかった. ファーガソンは機械式卓上計算器を使った.

シャンクスがどこで間違ったかを見つけようとすることは，数学における科学捜査での興味深い練習問題である. 通常，問題に対する正しい答を見つけることを目指すが，ここでの狙いは間違った答，ただし適切に間違った答を得ることである. 正しい値を使って，それをシャンクスによって報告された具体的に間違った結果になるように修正する方法を見つけたい. それは，小切手帳が銀行の取引明細と一致しないときに疑わしい取引を探すようなものだ. ただし，小切手帳の個々の記録は参照できず，最終残高だけしか参照できないものとする.

シャンクスが最初に530桁の計算結果を公表したとき，二つの逆正接の級数の個々の項すべてが含まれていた. しかしながら，それを607桁および707桁に伸ばしたとき，シャンクスはarctan 1/5, arctan 1/239, πの最終結果だけを公表した. これは残念である. シャンクスの計算している途中結果があれば，彼の間違いの発生箇所を特定することはもっと簡単だっただろう. 現状では，手元にある証拠は三つの巨大な数とそれらが下位の桁で正しい値と異なるという情報だけである.

シャンクスがどこで道を間違えたかを突き止めるのに，当然ながら最初に行うべきはπの真の値とシャンクスの結果の差をとることである.

$$T_\pi \quad 3.141\cdots 086021394946395224737$$
$$S_\pi \quad 3.141\cdots 08602139\underline{5016092448077}$$
$$\Delta_\pi \quad -0.000\cdots 00000000069697223340$$

ここでT_πは真のπの数字の並びであり，最初の数桁と520桁から540桁まで
を示した．S_πはシャンクスが最後に発表したπの対応する桁であり，下線は
528桁からの計算が食い違う部分の始まりを示している．そして，最後のΔ_π
はこれら二つの数の差を表示している．

　この食い違いは，二つの逆正接の級数の一方にある同じような間違いを反映
していなければならない．シャンクスによる$\arctan 1/239$の値の528桁あた
りに異常は見当たらない．しかし，$\arctan 1/5$の級数は，シャンクスによるπ
の値の528桁目の間違いをまさしく説明するのに必要とされるやり方でしく
じっている．その520桁から540桁を比較すると次のようになる．

$$T_{1/5} \quad 0.197\cdots 75605183775742208783$$
$$S_{1/5} \quad 0.197\cdots 7560518377\underline{61778164242}$$
$$\Delta_{1/5} \quad -0.000\cdots 00000000004356076458$$

この場合，食い違いは528桁ではなく530桁から始まる．これは，間違いの程
度が小さいことを意味する．これはまさしく予想されたことである．マチンの
公式では，$\pi/4$の値を得るために$\arctan 1/5$の値を4倍し，それからその結果
を再び4倍してπそのものの値が得られる．そして，誤差項$\Delta_{1/5}$を16倍にす
ると，シャンクスによるπの値における対応する誤差，すなわちΔ_πになる．

　この解析から，$\arctan 1/5$の計算の530桁あたりでシャンクスが何らかの間
違いを犯したことはほぼ確実である．この位置がまさにシャンクスの二つの結
果の境目にあることは注目に値する．1853年の初めにシャンクスはπを530
桁まで発表し，それから二，三週間後にあらためてその仕事を再開し結果を
607桁にまで伸ばした．おそらく，先に行った計算に新しい結果を継ぎ足した
ので，この移行期間はこの活動の中でとくに危険をはらんだ時期だったのだ
ろう．

　$\arctan 1/5$の値が間違っているので，その値に寄与する506項の中の少なく
とも一つでしくじったにちがいない．そうでなければ，それらの足し算をシャ
ンクスが間違えたのだろう．原理的には複数の項において複数の間違いがあり
うるが，その場合にはシャンクスの計算を再構成することを追求するのはお
そらく絶望的である．したがって，街灯の下で失くした鍵を探すという原則
に従って，一般的な種類の間違いに焦点を絞るのがもっともよいと思われる．

おそらくシャンクスは，506個の数を足し合わせるときに一つの項を完全に見落としたのかもしれない．あるいは，530桁以降に新たな数字を続けることを怠って，一つの項を切り捨ててしまったのかもしれない．あるいは，古い結果と新しい結果をつなぎ合わせる際に，どこかで何桁かを見落とすか，いくつかの余計な数字を追加してしまった可能性もある．

うまい具合に，これらのような間違いは犯しやすいだけでなく見つけやすい．その結果として，506項の中にそのような間違いを探すために一連のプログラムを書いた．目標は，それぞれの項の真の値から分かっている誤差 $\Delta_{1/5}$ を引いて「修正前」に戻し，その違いを説明するような単純な変形の特徴を見つけることである．たとえば，ある項が530桁で打ち切られたならば「修正前」の値はその位置からゼロがずっと並ぶことになる．

この探索はすぐに報われた．逆正接の級数の497次の項（すなわち $(1/5)^{497}/497$ を計算する項）できわめて疑わしいパターンを見つけたのだ．

$$T_{497} \qquad 0.000\cdots 907444668008\underline{0}482897384$$
$$\Delta_{1/5} \qquad -0.000\cdots 000000000004356076458$$
$$U_{497} \qquad 0.000\cdots 907444668008\,4838973843$$

T_{497} はこの項の正しい値である．そこから $\Delta_{1/5}$ を引いて，「修正前」の値 U_{497} を作る．この数において興味深いのは，下線をつけたゼロを取り除くと正しい数字列と修正前の数字列がきれいに並ぶか，ほぼそれに近い形になることである．（1ヶ所の数字を置き換えることも必要である．）次のような図にすると，何が起きているかもっと分かりやすくなる．

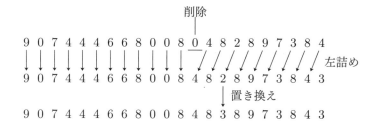

この考察から，次のような原因仮説が得られる．シャンクスは下線を引いた0をうっかり省いてしまい，それよりあとのすべての数字を左に1桁ずらした．

それとは別に，どうやら 2 を 3 と間違ってしまったようだ．逆正接の計算に
この左に 1 桁ずらす間違いを紛れ込ませて，さらに数字の置き換えをすると，
その結果はシャンクスが計算した値と 530 桁から始まる部分がぴったり一致
する．

　これ以上の証拠書類はないので，この失敗によって最初の間違った部分が作
られたと証明することはできないが，たしかにもっともらしく思われる．この
項を 530 桁から 609 桁に伸ばしたとき，シャンクスは実際には計算する必要
がまったくなかった．この 497 次の項は 210 桁を周期とする循環小数なので，
シャンクスはその数字列の前のほうを単に書き写せばよかったのである．数字
を書き写す際に 0 を見落としてしまったというのは，いかにもありそうなこと
である．

　この失敗を発見したのは私が最初ではない．エンガートは私より前にこれに
気づいていた．

さらなる手違い

　この 497 次の項における桁ずれの誤りがシャンクスの唯一の手違いだとした
ら，この変更を計算に取り込めばシャンクスによる π の 707 桁すべてが再現
されるだろう．しかし問題はそう簡単ではない．この修正前の計算は 40 桁ほ
どはシャンクスの間違った値を作り出すが，569 桁から再び異なる数字が現れ
る．あきらかにまた別の計算間違いがある．この 2 番目の間違いの原因を見つ
け出そうとして，数学世界の思いもよらない一角へと導かれることになった．
そこにたどり着くまでに，二，三回道を間違えた．

　もう一度，$\arctan 1/5$ の真の値とシャンクスが計算した値の違いを見つける
ところから始める．しかし，今度は真の値はもはや正しい値ではなく，前述の
530 桁での間違いによる調整を取り込んだ「修正前」の数 $U_{1/5}$ である．$U_{1/5}$
からシャンクスの結果 $S_{1/5}$ を引くと新たな誤差項 $\Delta_{1/5}$ が得られる．$S_{1/5}$ の
下線部は 569 桁目から始まる．

$U_{1/5}$ 0.197···0282776862915647787102

$S_{1/5}$ 0.197···028277686<u>1191509856067</u>

$\Delta_{1/5}$ 0.000···0000000001724137931034

すると，この差 $\Delta_{1/5}$ を逆正接の級数の 506 項すべてに適用して，何か興味深いものが現れるかを調べることができる．

1946 年に最初にシャンクスの誤りを報告した D. F. ファーガソンの論文にある記述から，145 次の項を調べることにした．すると案の定，すぐに別の削除による桁ずれを伺わせる次のようなパターンに気づいた．

U_{145} 0.000···48275862<u>068965</u>51724137

$\Delta_{1/5}$ 0.000···0000000001724137931034

UU_{145} 0.000···48275862051724137931 03

UU_{145} は，530 桁と 569 桁の両方の間違いについて修正前の計算を取り込むように二重に調整された項である．これは U_{145} の下線を引いた 5 桁を取り除き，残りの数字を左に 5 桁ずらすことによって生成できる．

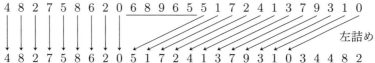

おそらくこの場合も，中間結果を書き写す際の不注意による間違いであることが容易に想像できる．

これで 2 番目の誤りの謎は解けたのか．そうかもしれない．しかし，これらの数にある特定の長い数字列に何かしら引っかかりを感じた．U_{145}, $\Delta_{1/5}$, UU_{145} それぞれから少し広い範囲を取り出し，別の箇所に下線を引く．

41379310344827586206896551<u>1724137931034482758620689655</u>1724137

000000000000000000001<u>1724137931034482758620689655</u>1724190124797

41379310344827586205<u>1724137931034482758620689655</u>172361599340

左右に何桁かずれているものの，まったく同じ 28 桁の数字列がこの三つの数全てに現れる．この数字列が 145 次の項に存在することは，簡単に説明でき

る．この 28 桁は，$(1/5)^{145}/145$ の十進表現における**循環節**になる．この項を
もっと多くの桁まで計算すると，この数字列が限りなく繰り返すことが分かる
だろう．しかし，それがほかの二つの数にも現れるのを見ると，少し意外に思
える．

　実験をしてみよう．数字列 17241379310344827586206896 55 に対して巡回
置換を作る．1 以上 27 以下の任意の k に対して，この数字列の先頭から k 文字
を切り取ってそれを末尾に貼り付ける．そして，その巡回置換した数字列をも
との数字列から引き算する．たとえば，$k = 7$ の場合には次のようになる．

$$17241379310344827586206896 55$$
$$\underline{-9310344827586206896551724137}$$
$$-75862068965517241379310344 82$$

これをよく見ると，結果の数字列はまたもとの数字列の巡回置換になっている
ことが分かる．これが偶然のわけはない．

　これはたしかに偶然ではない．数字列 17241379310344827586206896 55 は，
1/29 の十進展開における循環節 0344827586206896551724137931 の巡回置換
である．145 次の項の分母 145 は 5×29 に等しいことに注意しよう．この手品
の背後にある秘密は，29 が基数 10 における完全循環素数であることだ．完全
循環素数とは，逆数 $1/p$ がとりうる最大である $p-1$ 桁の循環節をもつような
素数 p である．このような素数はいずれも循環節が巡回数，すなわち循環節に
整数 1, 2, 3, ..., $p-1$ いずれを掛けてももとの循環節の巡回置換になる．そし
て，すでに見たように，どの二つの巡回置換の引き算もまた巡回置換になる．

　この巡回数の類まれな性質から，この逆正接の級数の 29 次の項を見てみよ
うと思い立った．「修正前」の真の値，Δ，そして予想されるシャンクスの 29
次の項の値に対して私が見つけたのは次のような数字列である．

$$41379310344827586206896 55\underline{1724137931034482758620689655 17241}$$
$$000000000000000000000000000\underline{1724137931034482758620689655 17241}$$
$$41379310344827586206896 54\underline{9999999999999999999999999999 99999}$$

この末尾の数字列 4999... は 5000... と同じといえる．この二つの形式は等価
である．これが 569 桁での誤りについて可能な別の説明を示している．シャン

クスは29次の項をここで打ち切って，項の足し算において残りのすべての桁を含め損ねたのかもしれない．

　二つの意見が一つの意見よりも常によいわけではない．シャンクスは145次の項で5桁を読み飛ばしたのか，それとも29次の項の後続の桁を捨ててしまったのか．この二つの行為は同じ結果になるので，この疑問に決着をつけることはむずかしい．そして，1946年のファーガソンの論文の中の注記は，混乱にさらに拍車をかける．ファーガソンは（考察したような結果が生じることはない）145次の項を丸めたと言っていて，29次の項については何も述べていないのである．

　いずれにしても，シャンクスの失態はこれで終わりとはならない．arctan 1/5の計算において，少なくとも602桁目にさらにもう一つおかしなところがある．1853年に発表された609桁までの値の最後の8桁の数字は，1873年に示された対応する数字と異なり，それらはいずれも真の値とも異なるのである．このシャンクスのいずれかの値を生じるような単純な間違いは見つけられなかった．またarctan 1/239の計算にも少なくとも一つの過ちがあるが，それを解明しようとはしていない．

　ほぼ530桁のπの値を完璧に計算したシャンクスがその次の80桁で少なくとも4個の誤りを犯すというのは不思議である．この4個の誤りはすべて1853年の3月か4月にまで遡り，それは数学というより記帳の誤りのように思われる．突如として不注意が多発した原因については推測することしかできない．おそらくシャンクスは，彼の本を購入者に手渡すのを急いだのだろう．あるいは，41歳になって老眼の初期症状が出ていたのかもしれない．

　シャンクスの物語は，この計算間違いに焦点を当てられがちである．ほんのわずかな書き誤りによって台無しになった何枚もの細かい計算は，同情と嫌悪をもって回想される．しかし，その誤りがあったとしても，シャンクスによるπの計算は感動的な試みであったと主張したい．ほぼ1世紀もの間，シャンクスによる527桁の正しい値をしのぐものはなかった．その時代の第一線の数学者であるオーガスタス・ド・モルガンは，シャンクスの成果を疑問視した．しかし，ド・モルガンは「計算する能力と[...]この骨の折れる仕事に立ち向かう勇気」を称賛もしている．

第13章
誰にでも受け入れられる証明

　10代の頃，私は角の三等分屋だった．最初についた正規の仕事で，高校を出たての私は1時間あたり1.75ドルで一日中，角を三等分していた．私の雇い主は電圧計，電流計やそのほかの電気計器の製造会社であった．これは，計測器には目盛りの上を弧を描いて振れる細い針のあるアナログ時代の話である．（図13.1を参照のこと．）私の仕事は，その目盛りを描くことであった．技師は，いくつかの基本的な区間，たとえば3, 6, 9, 12, 15 ボルトにおける針の角度の偏位を記録することによって計測器を検査する．目盛りを描くときには，物差しとコンパスと先の細いペンを使って中間の目盛線を補間して埋める．ここで角の三等分が登場する．私は5等分やそのほかのとてもできるとは思えない技巧も駆使する必要があった．

　このことについて，何年ものあいだ計測器の目盛りを描いていた同僚で管理者でもあるドゥミトロに冗談を言った．私は，いにしえの有名な未解決問題の一つを解いたことに対して特別手当が出されるべきだと言った．しかしドゥミトロは疑い深く，角の三等分が不可能であることを証明するように要求した．これは私の能力を超えていた．（これを主題にしたマーチン・ガードナーの記事を再読したあと）証明の概要を示すのがせいぜいであった．しかし，私の数学の理解は薄っぺらで論証はちぐはぐだったので，それを聞いたドゥミトロは納得しなかった．

　一方でドゥミトロは目に見える証拠を使って，角を見込む弦を描いてそれを三等分するという私たちが使っている角の三等分の方法は大きい角度に適用す

ると正しくない結果が得られることを手短に示した.（図13.2を参照のこと.）
それ以降, 私たちは三等分する角がどれも小さいことを確認した. そして, こ
れを上司と論じる必要はまったくないという点で合意した. 私たちが用心深く
沈黙を守ったことは, ピタゴラス学派が共謀して $\sqrt{2}$ が無理数であるのを秘密
にしたことと少し似ている.

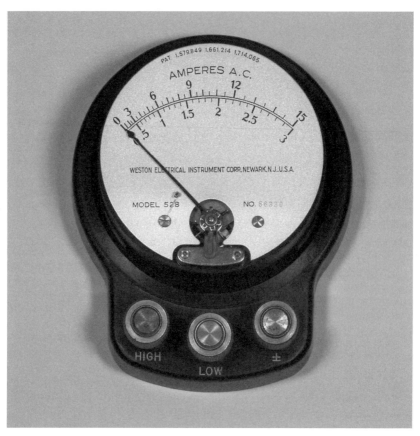

図 **13.1**：電流計のような計器の目盛りを描くのに場合によっては大きい目盛線の間を
補間するために角の三等分が必要になる. ここで示した計測器の目盛りは私が三等分を
行っていた頃のものだが, これは私がやった仕事ではないし, 単純な補間ではなくもっ
と洗練されたアルゴリズムが使われたことを示している.

この出来事を思い返すと，数学の論文や日常生活における証明の位置付けについてぼんやりとした疑念が残る．あきらかに，ドゥミトロを納得させられなかったのは完全に証明者の落ち度であり，証明の落ち度ではない．それでも，証明が専門家の手でしか使えない魔法の杖だとしたら，残りの人たちには何の役に立つのか．

『原論』を逆向きに読む

証明がどのように働くべきかは，ジョン・オーブリーの『名士小伝』にある17世紀の哲学者トーマス・ホッブズについての逸話でも示されている．

彼が幾何学に目を向けるようになったのは四十歳になってからで，それも偶然のキッカケであった．ある紳士の書庫にいた時，エウクレイデスの『原論』が開けてあった．第一巻四十七番の命題であった．彼はその命題を読み「チクショー，こんなはずはない」と叫んだ（彼は時折，言葉を強めるために，ひどい文句を使うことがあった．）そこで彼はその証明を読

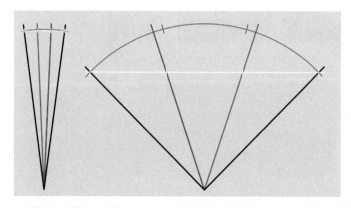

図13.2：大雑把な三等分の方法の一つは，角を見込む弦を描いて，その弦を三等分するというものである．その結果は近似値であり，狭い角に対してはよいが広い角に対しては見るからに不正確である．三等分された弦を白色の線で示し，正しい角の三等分を灰色の弧上に示す．

むと，それが別の命題を参照していた．それを読むと，また別の命題を参照していて，それも読む．このようにつぎつぎと進んでいったあげく，最初の命題の正しさを証明によって納得させられた．これが契機となって，彼は幾何学を愛するようになった．[訳注1]

この話でもっとも注目に値するのは，それが真実かどうかにかかわらず，ホッブズが心ならずも説得された方法である．最初は懐疑的であったホッブズが，演繹法の威力には逆らえなかった．命題47（これははからずも三平方の定理である）から始めて，ホッブズは結論からその前提へと向かい最終的には公理に至るまでその本を逆向きに通読した．ホッブズは不備を探したが，論証のそれぞれの段階には同意せざるをえなかった．これが純粋理性の力である．

私たちの多くが最初に数学的証明に触れるのは，通常は幾何学の授業においてであり，ホッブズのように中年になってから突然直感的に理解するのではな

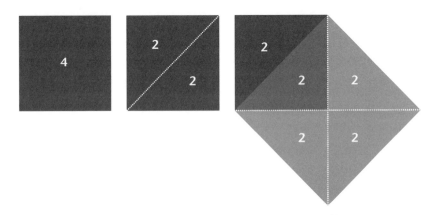

図13.3：正方形の倍積は，プラトンの『メノン』で召使いの少年が教えられた証明である．この証明を単純化したものは1辺の長さが2で面積が4の正方形から始めて，その正方形を対角線に沿って二等分し，もとの正方形の対角線を1辺とする新たな正方形を構成する．小さい正方形の面積の半分にあたる二等辺三角形は，大きい正方形の面積の4分の1であり，したがって大きい正方形の面積は小さい正方形の2倍である．

[訳注1] 邦訳は橋口稔/小池銈共訳『名士小伝』（冨山房，1979）による．

い．これに近いモデルは，プラトンの対話篇『メノン』に見られる昔からよく知られた話にも現れる．ソクラテスは，砂の上に図形を描くことで，無知蒙昧な召使いの少年が三平方の定理の特別な場合を証明するのを手助けして指導することを請け負う．（図13.3を参照のこと．）これを大まかに意訳しよう．

ソクラテス「ここに一辺の長さが2で面積が4に等しい正方形がある．この面積を2倍の8にしたら，その一辺の長さはいくつになる？」

少年「えーと，4？」

ソクラテス「$4 \times 4 = 8$だろうか？」

少年「いや，3かもしれない」

ソクラテス「$3 \times 3 = 8$だろうか？」

少年「わかりません」

ソクラテス「角から角に引かれたこの直線をよく見なさい．学者はこれを**対角線**と呼ぶ．この対角線を一辺として新たな正方形を描くと，もとの正方形の半分が新たな正方形の4分の1になり，したがって新たな正方形の総面積はもとの正方形の2倍でなければならないことに注意しよう．それゆえ，この対角線の長さは，私たちが探し求めている長さではないかね？」

少年「そうかもしれません」

この時点で，誰もがこの少年を応援しているにちがいない．「そうすると，学者のいう対角線の長さはどれだけなのでしょうか？ それが4でも3でもないのなら，正確にはいくつなのでしょう？」などと言って，この少年が主導権を握ってこの対話が進行すると報告できればよかったのだが，残念ながら召使いの少年からそのような挑戦があったというプラトンの記録はない．

『メノン』の証明における問題は，私が無知蒙昧な賃金生活者であったときに直面した問題とは正反対である．私が無能で知識も準備不足であり，同僚を（あるいは私自身さえも）納得させる証明を作り上げられなかったのに対して，ソクラテスは何を言っても貧しい少年が確実に賛同するような強い威光をもつ人物である．ソクラテスが$1 = 2$を証明したとしても少年は抗わないだろう．その少年が彼自身の定理を証明することに歩を進めるとは信じがたい．

悲しむべきことに，ホッブズは自身の幾何学の授業からそれほど多くの恩恵を受けはしなかった．ホッブズは数学では有名な変わり者になり，角の三等

分，円積問題，立方体倍積問題を含む古典的幾何学の有名な問題をほとんどすべて解いたと主張した．これらの主張は，今に比べて17世紀にはそれほど愚かなことではなかった．なぜなら，これらの課題が不可能であることは，まだきっちりと証明されていなかったからである．それにもかかわらず，ホッブズの同時代の人たちは，彼の証明らしきものの中に誤りがあるのを難なく見つけることができた．

膨大な定理，手に負えない証明

近年，証明は驚くほど論争が起きやすいテーマになっている．その衝突の流れの一つは，1976年のイリノイ大学アーバナ・シャンペーン校のケネス・アペル，ウルフガング・ハーケン，ジョン・コッホによる四色定理の証明に始まる．彼らは，隣接する国が同じ色にならないように地図を塗り分けたいときに必要なのは4色だけであることを示した．この証明では，地図の何千もの配置を検査する計算機プログラムが使われた．純粋数学に計算機が乗り込んできたことは，いぶかしげに迎えられたし，嫌悪感さえもたれた．ハーケンとアペルは「このような美しい定理の最高の証明がこれほど醜いことを，神はけっして許さないだろう」という友人のコメントを紹介している．このような感情的で審美的な反応はさておき，検証には消えることのない疑問がつきまとった．どうすれば計算機が間違いを犯さなかったことを確かめられるのだろうか．

ピッツバーグ大学のトーマス・C. ヘールズ（と，彼の学生であるサミュエル・P. ファーガソンの貢献）によるケプラー予想の証明でも再び同じような問題が生じた．ケプラー予想は，八百屋の棚にあるオレンジのピラミッドは可能な限り密に詰め込まれているというものだ．計算機による計算がこの証明において大きな役目を果たす．このような技術に頼ることは20年前に表明されたのと同じ種類の嫌悪感を引き起こしはしなかったが，正しさについての懸念は消え失せていない．

ヘールズは彼の証明が完成したと1998年に宣言し，6編の論文を発表するために *Annals of Mathematics* に投稿した．この論文誌は，この論文とそれを裏付ける計算機プログラムを調べるために多くの査読者に協力を求めたが，

最終的に査読者はこの作業を断念した．彼らは間違いを見つけはしなかったが，計算があまりにも膨大で混沌としていて網羅的に確認することは現実的ではなかった．そして査読者は，証明全体に誤りがないとは認定できないと考えた．これで状況は行き詰まった．結局 *Annals of Mathematics* は，計算機による結果の一部を除いて「証明の人手による部分」を発刊した．そこでヘールズは，計算機によって確認できる形式的な論理記法で証明を書き直す作業に着手した．それには 10 年以上かかったが，ヘールズは 2014 年にその書き直しがうまく完了したと発表した．

長すぎて理解できない証明がある一方で，あまりにもそっけなく謎めいている証明もある．ロシア人数学者グリゴリー・ペレルマンは，2003 年にポアンカレ予想の証明を発表した．これは，ニューヨーク市立大学リーマン校のクリスティナ・ソルマニの言葉を引用すると，ヌルヌル星人のかたまりがその周りにかけたどんな投げ縄からもズルっと抜け出せるならば，そのかたまりは穴や取っ手のない球体を変形したものでなければならないという予想である．2 次元の曲面に対しては日常生活でこの事実が成り立つことが分かり，4 次元以上の曲面（多様体）に対してもこれまでにこの予想が証明された．難関だったのは 3 次元多様体の場合で，それをペレルマンが解決した．

ペレルマンの証明は簡単には読めない．ソルマニはその証明の方針を「そのかたまりを加熱し，鳴り響かせ，熱々のモッツァレラのように引き伸ばして，百万個に切り刻む」と説明している．この記述の鮮明さは称賛するが，それでもペレルマンの理屈を追いかける助けにはならない．この証明の難しさが分かると，それを分析して詳しく述べることに手を出した人たちが，もとの証明よりもかなり長い証明を発表した．これらは一般人に照準を定めた普及活動ではなく，この数学を数学者に説明することを意図したものであった．結果として論争が起きた．この解説者たちは栄誉の分け前を手に入れようとしたのか．彼らはその分け前を受け取るに値するのか．結局，数学における最大の賞であるフィールズ賞と 100 万ドルのミレニアム賞を授与されたのはペレルマンだった．（ペレルマンはそれらの受け取りを拒んだ．）

今や数学界は問題含みのまた別の証明に立ち向かっている．1980 年代に定式化された *abc* 予想は，高校生向きとも言える単純で初等的な数論の問題のよ

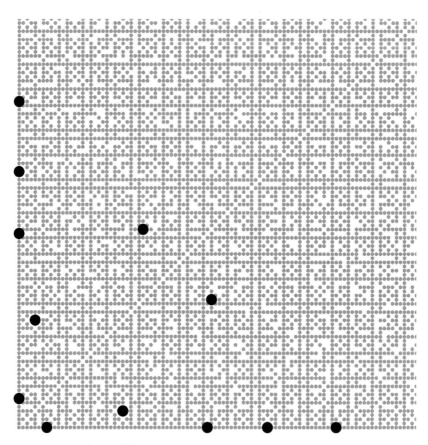

図 13.4：abc 予想は，整数の加法的および乗法的性質に関する単純な主張である．小さ
な灰色の点は，1 から 100 までの数の対で共通の素因数をもたないもの全体を表してい
る．大きな黒色の点は，「abc ヒット」と呼ばれる対からなる部分集合である．abc 予想
は，abc ヒットがまれであると主張する．このことは，この図表において撒き散らされ
た黒色の点がわずかであることから推測できるだろう．しかしながら，提示された証明
はきわめて奥が深く，それを消化する能力が数学コミュニティにあるかどうか試されて
いる．

うな印象を与える．（図 13.4 を参照のこと．）これは，共通の素因数がないような二つの整数 a と b から始める．言い換えると，a と b をともに割り切る数はない．ここで，その和 $a + b = c$ を計算し，これら三つの数すべての素因数を列挙して重複するものをすべて捨て去る．この相異なる素因数の積を R とする．$R < c$ ならば，「abc ヒット」と呼ぶ．abc 予想は，abc ヒットがまれであると主張する．この問題の記述において微妙なのは，まれが何を意味するかを定義することである．

　abc 予想がどのように成り立つかの一例として，$a = 5$, $b = 27$ とすると，その和は $c = 32$ になる．これら三つの数の素因数は 2, 2, 2, 2, 2, 3, 3, 3, 5 である．重複するものを除くと，三つの素数の集合 $\{2, 3, 5\}$ が残る．これらの積 R は 30 である．$R < c$ なので，これは abc ヒットである．しかし，$a = 5$, $b = 16$, $c = 21$ の場合にはヒットしないことが簡単に確かめられる．

　このように単純に述べられる問題には単純な証明があってほしい．しかし，手に入ったものはそうではなかった．2012 年に京都大学の望月新一は，abc 予想を証明したと主張する合計で 500 ページ以上になる 4 編の論文を発表した．（改訂と補遺によって，ページ数は今や 1,000 ページを超えている．）この証明は長いだけでなく恐ろしく難解である．数論から遠くかけ離れた分野の数学を使っていて，望月が宇宙際タイヒミュラー理論と名づけた新たな定式化に基づいている．関連する問題に深い専門知識をもつ数学者でさえ，濃密で見慣れない論証と目新しい用語（「ホッジ劇場」や「フロベニオイド」）に困惑した．ウィスコンシン大学のジョーダン・エレンバーグは「その証明を見ると，未来か宇宙からきた論文を読んでいるのではないかという気がしてくる」と論評した．

　それでも望月の証明は数学界で真剣に受け止められている．どれほどその論文の示す先が見えなくても，数十人の揺るぎない読者が歩を進める．勉強会に集まった彼らは学んだことを共有する．私は，2016 年にそのようなミーティングを傍聴した．いくつかの節目で，これは難しい講義に取り組む学生たちの研究グループを連想させた．ただし，参加者に年長の著名な数学者が含まれている点が異なる．また，超新星 1987A や 5 回対称性をもつ結晶の発見など，自然から大きな驚きがもたらされたときに作られた自発的な集まりを連想させも

した．しかし今度の場合には，新事実は自然からではなく，表舞台に現れない日本人数学者からもたらされた．

その週末が終わるまでに，慎重な楽観論，すなわち証明の構造は健全であるという見通しと，やがてはその証明が理解され既知の数学の中に同化するだろうという確信が表明された．そうはいっても個人的には，二日間の講義では宇宙際タイヒミュラー理論をいつかは理解できるという十分な確信は得られなかった．

突然の消失

このような出来事やそれに類する出来事から，数学の危機が語られ，証明が不変で疑う余地のない真実に導いてくれることを期待できないという懸念につながった．すでに 1972 年にブラウン大学のフィリップ・J. デーヴィスは次のように書いた．

> 数学的証明の信頼性は絶対的ではなく [. . .] ただ確率的にすぎない．証明は長すぎてはならない．長くなると信頼性の確率は下がり，その検証過程を挫折させる．別の言い方をすれば，本当に深い定理はすべて偽である（あるいはせいぜい証明されていないか証明できない）．すべての正しい定理は自明である．

その二，三年後にモーリス・クラインは *Mathematics: The Loss of Certainty* において，数学を脆い建材と崩れかけた基礎によってぐらつく上部構造として描いた．クラインはこの建築を使った比喩を続けて，証明は「数学的構造を支持する柱というより装飾の施された前面である」と主張した．

デーヴィスとクラインはともに数学の内部関係者，すなわち同業者組合の一員（因習を打破する一員ではあるが）としてこのように書いた．これとは対照的にジョン・ホーガンは，1993 年にサイエンティフィック・アメリカンに「証明は死んだ」と題する小論を書いたとき，自分自身を反抗的な部外者と位置づけた．「現代思想に突き刺さった懐疑の矢は，とうとう数学にまで到達したらしい」とホーガンは言う．「現代の "真理" が後の世の "虚偽" でありうること

は，すでに科学者や哲学者の多くが容認している事実である．ついに数学者さ
えも，この事実を受け入れざるを得ない時代がやってきたのかもしれないの
だ．」[訳注2]

　この出来事の傍観者としての私自身は，内部でも外部でもない居心地の悪い
中立の立場といったところだ．ある種の危機が進行中であることは認めるが，
それは数学の歴史全体が危機を繰り返しているからにすぎない．数学の基礎は
常に倒壊しかけていて，蛮族は常に目前に迫っている．アペルとハーケンが計
算機を利用した証明を発表したときが技術革新が議論を巻き起こした最初とは
とてもいえない．17世紀に，代数的手法が幾何学に押し寄せたとき，ユーク
リッドの伝統を継承する者は非難の声を上げた．（ホッブズはその一人であっ
た．）19世紀の終わりには，ダフィット・ヒルベルトが，実質的に「x が存在
することは分かるが，それがどこで見つかるかは言えない」とでもいうような
非構成的証明を導入したときにも抵抗する者がいた．ある批判者は「これは数
学ではない．これは神学だ」と言った．

　全体としては，この現時点での危機は，集合論のパラドックスによってゴッ
トロープ・フレーゲが「ああ，算術が揺らいでいる」と嘆くことになった1世
紀前の危機に比べると穏やかなものある．その危機に応えて，ヒルベルトが主
導する意欲的な数学者の救助隊は，新たな基礎の上に数学の体系を再構築する
ことに取りかかった．ヒルベルトの計画は，証明のプロセスを証明そのものに
適用して，数学の公理と定理がけっして矛盾にはならないこと，すなわちけっ
して「x」と「x でない」の両方は証明できないことを示すというものだった．
その結果はよく知られている．無矛盾性を要求するならば真な命題で決して証
明できないものがあることをクルト・ゲーデルが証明した．このようなバベル
の塔の破滅的状況が，何世代にもわたって数学のあちらこちらに散りばめられ
ているように思えるかもしれないが，数学者は進み続けている．

　数学研究の最前線での最新の証明のいくつかは難解で目新しい道具を使って
いることは，きわめて普通のように思われる．もちろん，その証明を消化する

[訳注2] 邦訳は山岸義和/松木平淳太/林晋共訳『証明は死んだ』（日経サイエンス1993年
　　　　12月号）による．

のは難しいし，作り出すのも難しかっただろう．これらが何十年，あるいは何世紀もの間，有能な知性を途方に暮れさせてきた問題を解決する．ペレルマンによるポアンカレ予想の証明を理解しようとして挫折したとき，落胆はしたが意外ではなかった．私が数学のあり方について不安を感じているとしたら，それはどこまでも深く考える人にはどうやってもなれそうにないことではない．知識の最先端には程遠い，まったく平凡な問題に取り組むときの私自身の不器用さである．

先に4勝するのは

かつてスタンフォード大学のドナルド・E. クヌースは，計算機のプログラムに「上記のコード中のバグに注意せよ．私はこのコードが正しいことを証明はしたが試してはいない」という但し書きをつけた．クヌースが書いたのでこの警告はジョークだったが，私がそう言うのを聞いたのなら真剣に受け止めるべきである．

ここで，確率のちょっとした練習問題を解くソクラテスと召使いの少年に立ち戻らせてもらう．二人は運動競技について論じている．（野球のワールドシリーズのような）7番勝負において4勝無敗で勝負が決する確率はどれだけか．（図13.5を参照のこと．）チームの実力は伯仲していると仮定するので，どの試合においてもそれぞれのチームが勝つ確率は五分五分である．

ソクラテス「7番勝負で，一方のチームが4勝無敗で勝つのは何通りかな？」

少年「1通りだけです．一度も負けずに4連勝しなければなりません」

ソクラテス「それでは，4勝1敗で5試合のシリーズになるのは何通りだろうか？」

少年「ええと，1試合目，2試合目，3試合目，4試合目のどれかで負けて，残りの試合すべてに勝てばよいです」

ソクラテス「5試合目に負けるのはどうかね？」

少年「最初の4試合に勝てば，5試合目はありません」

ソクラテス「そうすると，5試合のシリーズになるためには，4試合のシリーズに対して最後を除くそれぞれの位置に負けを一つ挟めばよい，いいかな？」

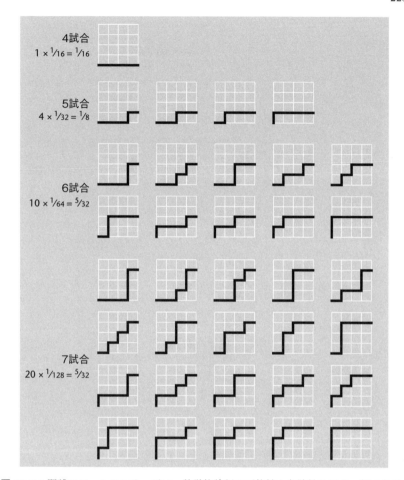

4試合
$1 \times 1/16 = 1/16$

5試合
$4 \times 1/32 = 1/8$

6試合
$10 \times 1/64 = 5/32$

7試合
$20 \times 1/128 = 5/32$

図13.5：野球のワールドシリーズは，数学的論証の可能性と危険性を示す一例である．ワールドシリーズは，どちらかのチームが4勝したところで終了する．チームの実力が伯仲していると仮定すると，このシリーズが4試合，5試合，6試合，7試合で終わる確率はどれだけか．どのようなシリーズも南西の角から出発し，一方のチームが勝てば東に1区画進み，もう一方のチームが勝てば北に1区画進む，4×4の格子を通る道として表現することができる．ここに示した35通りは，すべて東がシリーズの勝者になる場合である．それぞれの試合で東が勝つ確率は1/2ならば，特定の5試合の系列の確率はいずれも $(1/2)^5$，すなわち1/32である．そのような5試合の系列は4通りあるので，東が5試合でシリーズに勝つ確率は1/8である．数え方が正しくなかったり，すべての場合が同じ重みであると仮定したりすると，計算を間違える．

少年「そう思います」

ソクラテス「それゆえ，5試合のシリーズそれぞれに対して5ヶ所の位置それぞれに負けを一つ挟むと6試合のシリーズを作ることができる．したがって，4×5通り，すなわち20通りの6試合のシリーズがある」

少年「そうおっしゃるならば」

ソクラテス「そして，この20通りの6試合のシリーズそれぞれは，6通りの異なる方法で7試合のシリーズに広げることができるので，7試合のシリーズは120通りの場合がある．これをすべて足し合わせると，$1+4+20+120$で合計145通りになる．これらのうち，たった1通りだけが4勝無敗なので，その確率は1/145である」

この時点で，野球について多少は知っている少年が7番勝負のワールドシリーズ105回のうち18回が4勝無敗で勝っていると指摘し，実験に基づいた確率は1/145よりも1/6に近いことをほのめかす．この事実によってソクラテスが惑わされることはない．

ソクラテス「単なる見かけに気をとられてはいけない．今は**理想的**な野球を調べているのだ．ほかの方法で証明してみよう」

少年「お願いします」

ソクラテス「さしあたって両チームは常に7試合を最後まで戦うものと仮定しよう．それぞれのゲームは2種類の結果のいずれかになるので，全部で2^7通り，すなわち128通りの場合がある．ここでこの128通りを一つずつ調べて，一方のチームがすでに4勝を達成したのちも試合を続けているような場合をすべて取り除く．これで70通りの場合が残ることが分かる．これらの場合のうち，それぞれのチームに1通りの合計2通りが4勝無敗なので，その確率は1/35である」

少年「かなり正解に近づいてますね．こうしてはどうでしょうか．4連勝する確率は$1/2 \times 1/2 \times 1/2 \times 1/2$，すなわち1/16です．どちらかのチームが4勝無敗になればよいので，その二つを合わせた確率は$1/16 + 1/16 = 1/8$です」

演繹法によって3通りの異なる答えが導き出され，そのうちの少なくとも二つは間違いでなければならない．この間違いの喜劇ではソクラテスを道化役に

したが，この大間違いが実際には私自身のものだということを隠し通せはしない．何年か前にこの計算を実行する機会があり，間違った答えを出した．いかにして私はそれが間違っていることを知ったのか．それは簡単な計算機の実験と一致しなかったのである．プログラムで無作為なワールドシリーズを100万回試行すると，4試合全勝は124,711回になった．（これはほぼ正確に1/8である．）

　私自身の論証よりもプログラムの出力に大きな信頼を寄せることが何を意味するのか．ここで，私は計算機によるシミュレーションが証明よりも優れているとか演繹法よりも信頼できると主張しているのではない．古典的な数学に何か悪いところがあるのではない．私のソクラテスを真似た対話で論じた三つのアプローチは，気をつけて適用すればすべて正しい答えを生じさせることができる．しかし往々にして，数学的証明が絶対確実であるのは，馬鹿をやらかさないときに限るようだ．

　自分はこのような過ちを犯す可能性は絶対ないと信じている人たちには，悪名高いモンティ・ホールの事例を思い出させるとともに祝辞を贈ろう．1990年，雑誌パレードに連載記事を執筆しているマリリン・ヴォス・サヴァントは，モンティ・ホールが司会を務めるテレビのゲーム番組 Let's Make a Deal に関する架空の状況について論じた．賞品は三つの扉のうちの一つの後ろに隠されている．出場者が扉1を選んだとき，ホールは扉3を開けてそこには賞品がないことを示し，扉2に変更するという選択肢を出場者に提示する．ヴォス・サヴァントは，扉2に変更するすることで賞品を獲得する確率は1/3から2/3に改善すると（ある前提のもとで正しく）論じた．何人もの数学者を含めた何千人もの人がこれに異議を唱えた．非常に優れた数学者であるポール・エルデシュでさえも思い違いをした．最終的にエルデシュを納得させたのは計算機によるシミュレーションであった．

　著名な確率・統計史の研究者スティーブン・スティグラーは，サミュエル・ピープスとアイザック・ニュートンに関する同じような話を掘り起こした．ピープスは，サイコロのゲームにおいて6個のサイコロを振って6の目が少なくとも1個出る場合と，12個のサイコロを振って6の目が少なくとも2個出る場合のどちらが起こりやすいかとニュートンに尋ねた．ニュートンは正しい

答え（前者のほうが起こりやすい）を返したが，正しい確率分布を見誤って間違った論証によりその答えを出した．ニュートンもまた 6^6 通りや 6^{12} 通りを正確に列挙した 17 世紀の計算機シミュレーションに相当するものによってその結論を裏付けた．

証明の立ち位置

　法律は合理的疑いの余地がない証明を求めるが，数学はもっと高い基準を設ける．ユークリッドの時代にまで遡る伝統では，証明は絶対に誤りがないことを保証するものと考えられる．それは，数学の発表された文献の誤りをすべて締め出す見張り番の燃えさかる剣である．そして，その文献を保護する必要があるかもしれない．数学を公理と定理からなる形式的体系とみるならば，その構造は危険なほど脆い．たった一つの誤った定理を許容するだけで，どんなばかげたことも思い通りに証明できるのである．

　数学的真実という特別な地位は，ほかの文系や理系とは異なるしきたりによって，多くの数学者が今でも大切にする概念である．しかし，証明にはほかの役割もある．証明は承認の印というだけではないのだ．デヴィッド・ブレスードの著書 *Proofs and Confirmations* は，どのように数学を行いたいかについての内部関係者によるもっとも優れた説明と思われる．ブレスードは「証明の探求は理解の探求への第一歩である」と述べ，証明のもっとも重要な機能は命題が真であると立証することではなく，命題が真である**理由**を説明することだと強調している．

　そして，もちろん定理や証明だけが数学ではない．今日，実験数学と呼ばれる分野が成長している．このテーマを専門とする学術雑誌や学術会議があり，ジョナサン・ボーウェインとデヴィッド・ベイリーによる一連の書籍はこの分野の声明書になっている．実験数学を実践する者は証明を放棄や撤廃したいのではないが，彼らはほかの活動にもっと腕をふるっている．それは，例題と戯れ，予想を立て，計算し，視覚化するという活動である．

　それでも，証明と呼ぶ論証過程を経ること以外に人の心にはけっして立ち入ることはできないという考え方もある．このことから，角の三等分に立ち戻

ろう.

ヴァンツェルの定理

　角の三等分が不可能であることは周知の事実であるが，それが不可能である
理由，すなわち証明の内容はそれほど広く知られていない．多くの書籍がその
証明に言及しているが，それを説明しているものは数少ない．数学の変人をか
らかったアンダーウッド・ダドリーのすばらしい *A Budget of Trisections* で
さえ，順を追ってその証明を論じてはいない．

　この証明の起源と歴史については幾分謎に包まれている．数学において自慢
できる問題を解くことで不朽の名声を得ようと努力する人にとって，これが教
訓になる．角の三等分は，2千年もの間この最重要リストの先頭近くにある．
そして，その不可能性の証明を最初に発表した著者はまだ英雄としてあがめら
れてはいない．

　その著者はフランスの数学者ピエール・ローラン・ヴァンツェル（1814–1848）
である．ヴァンツェルは，数学界でさえもほとんど無名である．ヴァンツェ
ルの証明は（彼が23歳のときの）1837年に発表された．私の知る限り，この
論文は転載されたことはなく，英訳が発刊されたこともない．（おおまかな英
訳を `http://bit-player.org/extras/trisection/Wantzel1837english.
pdf` に載せた．）この論文を参照しているものの多くは間違った巻号をあげて
いて，その証明に言及している著者のうちの何人かはその証明を読んでさえい
ないようである．

　コペンハーゲン大学のジェスパー・リュッツェンによる2009年の論文では，
なぜヴァンツェルの結果がこれほどまでに長い間人目を引かなかったのかと問
うている．リュッツェンは，ヴァンツェルが若くして亡くなり，残された研究
成果は少なく整理されていなかったことを含めて，いくつかの要因が寄与して
いるとほのめかしている．しかし，もっとも興味深い可能性は，ヴァンツェル
の時代の人たちは200年前にルネ・デカルトが提示した形式的でない論証によ
りその問題が解決したと信じていて，ヴァンツェルの証明を不必要と考えてい
たというものだ．

　現代の読者にとってヴァンツェルが無名である別の理由は，その証明がほとんど理解できないということだ．のちの解説は，もっと分かりやすく説明している．フェリックス・クライン，L. E. ディクソン，ロバート・C. イェイツはそれぞれ独自の証明を発表した．　ウィラード・ヴァン・オーマン・クワインも，100 ドルの懸賞課題に応えて自分の証明を発表した．とくにお薦めの詳細で入手しやすい一冊まるごとの解説として，アーサー・ジョーンズ，シドニー・A. モリス，ケネス・R. ピアソンによる *Abstract Algebra and Famous Impossibilities* がある．

　若い頃に角の三等分屋を職業としていたことの懺悔として，この不可能性の証明について私自身による簡単な概略をここに示してみたい．基本的な問題は，真っ直ぐな定規とコンパスで何ができるかということである．あきらかに直線や円を描くことができるが，算術演算もできることが分かる．（図 13.6 を参照のこと．）線分の長さによって数を表現すると，定規とコンパスを使うことでそのような数の足し算，引き算，掛け算，割り算ができるし，平方根を導くこともできる．最初に長さ 1 の線分が与えられているとしよう．そこからどんな数を生成することができるだろうか．すべての整数は簡単に手に入る．また，任意の有理数（整数の比）も得られる．平方根によっていくつかの無理数も利用できる．平方根の平方根をとることによって，4 乗根，8 乗根なども得られる．しかし，できることはこれがすべてである．3 乗根，5 乗根や 2 のべき乗でないべき根はどれも取り出しようがない．これが角の三等分問題の鍵となる要点である．

　角の三等分の手順というものがあったとしたら，角度 θ から $\theta/3$ を作り出せなければならない．この手順は**任意の**角度に対して使えなければならないので，たった一つの角度が三等分できないことを示せば反証できる．標準的に使われる角度は 60° である．角度 60° の頂点が原点にあり，その頂点を通る一方の辺は正の x 軸になっているとしよう．このとき，この角度を三等分するためには，原点を通り x 軸に対して 20° の傾きをもつような直線を描かなければならない．

　どのような直線を描くにも，その直線上にある 2 点があればよい．今の場合，そのうちの 1 点はすでに原点として与えられている．したがって三等分す

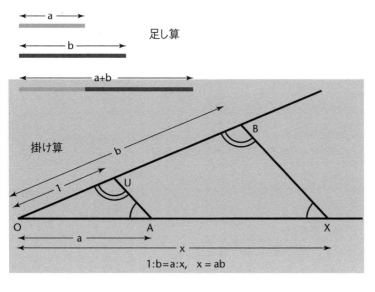

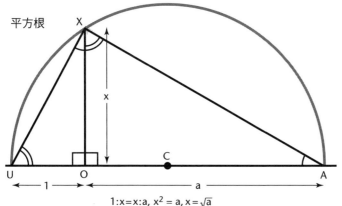

図 **13.6**：ユークリッド流の真っ直ぐな定規とコンパスによる作図では，加減乗除と平方根をとるという5種類の算術演算を実行することができる．足し算は単純に線分を連結するだけであり，引き算はその逆である．掛け算は辺の長さが比 $1 : b = a : x$ になる相似な三角形を作ることが必要になる．そうすると，x は a と b の積である．割り算は，掛け算処理の逆向きを意味する．平方根は，半円に内接する三角形から比 $1 : x = x : a$ が生じ，したがって $x^2 = a$ となり，この線分 x の長さが a の平方根である．この5種類の演算だけが可能であり，3乗根をとることはできない．これが角の三等分が不可能であることを証明するために鍵となる事実である．

るという仕事そのものは，この $20°$ の傾きをもつ直線上のどこかにあるもう1点を見つけることに帰着される．そんなことはもちろん簡単にちがいない．結局のところ，この直線上には無限に多くの点があり，その中の1点があればよいのである．しかしこの証明は，それができないことを主張する．

その難しさの根源を見るために，三角関数を使うことにする．$20°$ に対する正弦と余弦の値が分かっていれば，この問題を解くことができるだろう．単純に $x = \cos 20°$，$y = \sin 20°$ となる点を作図すれば，この点は傾き $20°$ の直線上になければならないからである．（もちろん，これらの正確な値が必要である．電卓や数表による近似値では役に立たない.）$60°$ に対する正弦と余弦の値は分かっている．それらは $\sqrt{3}/2$ と $1/2$ である．これらの数はともに定規とコンパスで作図することができる．さらに，公式によって，任意の角度 θ の正弦と余弦の値は $\theta/3$ の対応する値に結びつけられる．その公式は，次のような方程式になる．（ただし，簡単のために式 $\cos \theta/3$ を記号 u で置き換えてある.）

$$\cos \theta = 4u^3 - 3u$$

θ が $60°$ の場合には $\cos \theta = 1/2$ なので，この方程式は $8u^3 - 6u = 1$ になる．これが3次方程式であることに注意しよう．これが角の三等分問題の核心である．加減乗除や平方根をとる処理では，けっして u の値に対する方程式を解くことはできない．（この証明のもっとも難解なのは，3次方程式はそれよりも低い次数の方程式に帰着できないことを示す部分である．ここでこれを示そうとするほどの勇気は，私にはない.）

三角関数と代数をも巻き込んだこの証明はユークリッドには無縁であっただろうが，その結論は簡単に幾何学の言葉に書き戻せる．$20°$ の傾きをもつ直線上の（原点を除く）ただ一つの点さえも，$60°$ の傾きをもつ直線から定規とコンパスによる方法では到達できないのである．この事実は，ある意味で忘れえぬほど直感に反している．同じ平面上にある二つの直線は，交差しているにもかかわらず，通じてはいないのだ．こちらから向こうに行くことはできないのである．

ヴァンツェルによるこれらのアイディアの説明はとくに巧妙でも洗練されているわけでもない．その証明は，『天書（The Book）』に掲載される候補とし

てふさわしくない．エルデシュによれば，『天書』は神が記録したすべての定理の最良の証明の一覧である．それでもヴァンツェルの論証は，力強く精力的で威勢がよく，まさに反証できない証明を念頭に置いて生まれたものである．ホッブズのように，それを信じるつもりはなくても，その証明は信じることを余儀なくさせる．古き友ドゥミトロが納得するかどうか知りたいものだ．

出典と補助資料

　本書に収めたすべての記事は，当初，科学研究協会シグマ・ザイが発行する雑誌 *American Scientist* に掲載されたコラム Computing Science として発表された．これらの発刊に対して重要な貢献をした編集者と雑誌スタッフ全員に感謝する．

　本書ではこれらの記事を大幅に改訂し追記した．誤記を訂正し（その多くは読者によって指摘された），最近の結果を説明し，新たな図を作り，追加の題材を取り込んだ．当初のこれらの記事と関連する著作を，これ以降と http://bit-player.org/foolproof にあげる．

　「ガウス少年の足し算」は，"Gauss's Day of Reckoning," *American Scientist*, vol. 94, no. 3, May-June 2006, pp. 200–205 をもとにした．その発表以後 10 年の間にいくつもの新たな資料が明るみに出て，ガウスの逸話が彼の死後何年かの間にどのように伝わったかの話は根本的に変わった．年表，参考文献，この話の 150 種類以上の記述からの抜粋を含めた関連する文書は http://bit-player.org/gauss-links に蓄積してある．

　「平均の法則から外れて」は，以前に "Fat Tails," *American Scientist*, vol. 95, no. 3, May-June 2007, pp. 200–204 として発表したものをもとにした．当初の記事における誤りと私の分析の拡張を論じた関連する 2 件のブログに掲載された．それらは，http://bit-player.org/2007/factoidals-facts と http://bit-player.org/2007/more-factoidal-facts であ

る.

「いかにして自らを回避するか」は，以前に *American Scientist,* vol. 86, no. 4, July-August 1998, pp. 314–319 に発表したものをもとにした．これを改訂した記事には，過去 20 年間の新たな結果やそれらの結果がいかにして得られたかについての分かりやすい説明が含まれている．

「リーマニウムのスペクトル」は，最初に *American Scientist,* vol. 91, no. 4, July-August 2003, pp. 296–300 で発表された．その記事は *Pour la science,* no. 312, October 2003 に "Le spectre du Riemannium" としてフランス語にも訳されたし，*Investigación y Ciencia,* January 2004, pp. 14–18 に "El espectro di Riemannio" としてスペイン語にも訳された．

「独身の数」は，最初に *American Scientist,* vol. 94, no. 1, January-February 2006, pp. 12–15 で発表された．本書では，`http://bit-player.org/2008/how-many-sudokus` の "How Many Sudokus?" および `http://bit-player.org/2006/a-new-crop-of-sudoku` の "An Early Crop of Sudoku" で述べた結果を取り込んでいる．

「縮れ曲線」は，最初に *American Scientist,* vol. 101, no. 3, May-June 2013, pp. 178–183 で発表された．この雑誌の記事は，ミルセア・ピティチ編 *The Best Writing on Mathematics 2014* (Princeton University Press, 2014) に収録された．いくつかの補足説明が `http://bit-player.org/2013/mapping-the-hilbert-curve` の "Mapping the Hilbert Curve" にある．さらに，ヒルベルト曲線を成長させ解析する私の対話的プログラムが `http://bit-player.org/extras/hilbert` にある．

「ゼノンとの賭け」は，最初に *American Scientist,* vol. 96, no. 3, May-June 2008, pp. 194–199 で発表された．本書の記事では，以前の "Computing Science" に発表した "Follow the Money," *American Scientist,* vol. 90, no. 5, September-October 2002, page 400–405 やブログ `http://bit-player.org/2008/in-zenos-footsteps` への投稿 "In Zeno's Footsteps" で用いたアイデイアも利用している.

「高精度算術」は，最初に *American Scientist*, vol. 97, no. 5, September-October 2009, pp. 364–368 で発表された．この雑誌の記事はミルセア・ピティチ編 *The Best Writing on Mathematics 2010* (Princeton University Press, 2011) に収録された．`http://bit-player.org/2009/outnumbered` にある補遺には，いくつかの補足がある．広範な参考文献は `http://bit-player.org/wp-content/uploads/2009/08/higher-arithmetic-biblio.html` にある.

「マルコフ連鎖のことの始まり」は，最初に *American Scientist*, vol. 101, no. 2, March-April 2013, pp. 92–97 で発表された．ブログに投稿した補足は，`http://bit-player.org/2013/driveling` に "Driveling" という表題で発表された．また，実行することのできるマルコフ連鎖は `http://bit-player.org/wp-content/extras/drivel/drivel.html` の "drivel generator" に投稿した．この記事に含まれるいくつかの題材は，マルコフの発刊 100 周年を記念して開催されたハーバード大学での研究集会で発表した．その詳細な情報については，`http://bit-player.org/2013/100-years-of-markov-chains` を参照のこと.

「n 次元の玉遊び」は，最初に "An Adventure in the Nth Dimension," *American Scientist*, vol. 99, no. 6, November-December 2011, pp. 442–446 として発表された．この雑誌の記事は，ミルセア・ピティチ編 *The Best Writing on Mathematics 2012* (Princeton University Press, 2012) に収録された．いくつかの補足は `http://bit-player.org/2011/the-n-ball-game` の "The N-ball Game" で発表された.

「準乱数によるそぞろ歩き」は，最初に *American Scientist*, vol. 99, no. 4, July-August 2011, pp. 282–287 で発表された．そのフランス語訳は "Excursions quasi-aléatoires," *Pour la Science*, no. 410, December 2011, pp. 54–60 として発表され，ドイツ語訳は "Spiel mit dem Zufall," Spektrum der Wissenschaft, February 2012, pp. 88–94 として発表された．準

乱数に関する補足は，http://bit-player.org/2011/a-slight-discrepancy の "A Slight Discrepancy" で発表された．ほぼ同じ題材を紹介したハーバード大学での講演に関する情報は，http://bit-player.org/2015/a-quasirandom-talk を参照のこと.

「紙と鉛筆と円周率」は，最初に *American Scientist,* vol. 102, no. 5, September-October 2014, pp. 342–345 で発表された．ウィリアム・シャンクスがどこで道を間違えたかに重点を置いたさらなる考察は，http://bit-player.org/2014/the-pi-man の "The Pi Man" にある.

「誰にでも受け入れられる証明」は，最初に *American Scientist,* vol. 95, no. 1, January-February 2007, pp. 10–15 で発表された．そのオランダ語訳は *Nieuw Archief voor Wiskunde 5/8,* no. 2, June 2007 で発表された．ヴァンツェルによる定規とコンパスでは角の三等分が不可能であることの証明を英訳したものは，http://bit-player.org/wp-content/extras/trisection/Wantzel1837english.pdf にある.

参考文献

序

Galileo. 1623. *Il Saggiatore* [The Assayer]. Rome: Giacomo Mascardi. （邦訳：山田慶児／谷泰共訳『偽金鑑識官』中央公論新社，2009）

Russell, Bertrand. 1935. "Useless" knowledge. *In Praise of Idleness and Other Essays*. London: Allen and Unwin. （邦訳：堀秀彦／柿村峻共訳『怠惰への讃歌』第二章「無用」の知識，平凡社，2009）

第1章：ガウス少年の足し算

Ahrens, W. 1920. *Mathematiker-Anekdoten*. 2nd ed. Leipzig: B. G. Teubner. https://catalog.hathitrust.org/api/volumes/oclc/12406155.html.

Bell, E. T. 1937. *Men of Mathematics*. New York: Simon and Schuster. （邦訳：田中勇／銀林浩共訳『数学をつくった人びと』早川書房，2003）

Bieberbach, Ludwig. 1938. *Carl Friedrich Gauß: Ein Deutsches Gelehrtenleben*. Berlin: Keil.

Bühler, W. K. 1981. *Gauss: A Biographical Study*. New York: Springer.

Dunnington, G. Waldo. 1955. *Carl Friedrich Gauss: Titan of Science*. New York: Hafner. Reprinted with additional material by Jeremy Gray and Fritz-Egbert. （邦訳：銀林浩／小島穀男／田中勇共訳『ガウスの生涯：科学の王者』東京図書，1992）

Dohse. Washington, D.C.: Mathematical Association of America, 2004.

Hall, Tord. 1970. *Carl Friedrich Gauss: A Biography*, trans. Albert Froderberg.

Cambridge, Mass.: MIT Press.

Hänselmann, Ludwig. 1878. *Karl Friedrich Gauß: Zwölf Kapitel aus Seinem Leben*. Leipzig: Duncker and Humblot.

Lietzmann, W. 1918. *Riesen und Zweige im Zahlenreich* [Giants and Dwarfs in Numberland]. Leipzig: B. G. Teubner. https://archive.org/details/bub_gb_xho7AQAAIAAJ.

Mathé, Franz. 1906. Karl Friedrich Gauss. Leipzig: Weicher. https://catalog.hathitrust.org/Record/011592764.

Möbius, Paul Julius. 1899. Ueber die Anlage zur Mathematik. In *Neuroloighisches Zentralblatt*, 15 November 1899, no. 22, pp. 1049–1058.

Peterson, Ivars. 2004. Young Gauss. *Science News*. https://www.sciencenews.org/article/young-gauss.

Reich, Karin. 1977. *Carl Friedrich Gauss: 1777–1977*, trans. Patricia Crampton. Bonn–Bad Godesberg: Inter Nationes.

Sartorius von Waltershausen, W. 1856. *Gauss: zum Gedächtnis*. Leipzig: S. Hirzel. English translation, *Carl Friedrich Gauss: A Memorial*, trans. Helen Worthington Gauss. Colorado Springs, Colo., 1966.

Tent, M. B. W. 2006. *The Prince of Mathematics: Carl Friedrich Gauss*. Wellesley, Mass.: A K Peters.

Winnecke, F. T. 1877. *Gauss: Ein Umriss seines Lebens und Wirkens* [Gauss: An Outline of His Life and Work]. Braunschweig, Germany: F. Vieweg. https://archive.org/details/gausseinumrisss00winngoog.

Worbs, Erich. 1955. *Carl Friedrich Gauss: Ein Lebensbild*. Leipzig: Koehler and Amelang. https://catalog.hathitrust.org/Record/000166781.

Wussing, Hans. 1989. *Carl Friedrich Gauss*. Leipzig: B. G. Teubner.

第2章：平均の法則から外れて

Adler, Robert J., Raisa E. Feldman, and Murad S. Taqqu, eds. 1998. *A Practical Guide to Heavy Tails: Statistical Techniques and Applications*. Boston: Birkhäuser.

Cannell, John Jacob. 1988. Nationally normed elementary achievement testing in America's public schools: How all 50 states are above the national average. *Educational Measurement: Issues and Practice* 7(2):5–9.

De Morgan, Augustus. 1842. *The Penny Cyclopaedia of the Society for the Diffusion of Useful Knowledge.* Vol. 23, p. 444. London: Charles Knight.

Gabaix, Xavier. 1999. Zipf's law for cities: An explanation. *Quarterly Journal of Economics* 114(3):739–767.

Galambos, Janos, and Italo Simonelli. 2004. *Products of Random Variables: Applications to Problems of Physics and to Arithmetical Functions.* New York: Marcel Dekker.

Keillor, Garrison. 1985. *Lake Wobegon Days.* New York: Viking.

Kramp, Christian. 1808. Preface. In *Éléments d'arithmétique universelle.* Cologne.

Mitzenmacher, Michael. 2004. A brief history of generative models for power law and lognormal distributions. *Internet Mathematics* 1(2):226–251.

Newman, M. E. J. 2005. Power laws, Pareto distributions and Zipf's law. *Contemporary Physics* 46:323–351.

Pakes, Anthony G. 2008. Tails of stopped random products: The factoid and some relatives. *Journal of Applied Probability* 45:1161–1180.

Reed, William J., and Barry D. Hughes. 2002. From gene families and genera to incomes and internet file sizes: Why power laws are so common in nature. *Physical Review E* 66(6):067103.

Sigman, Karl. 1999. A primer on heavy-tailed distributions. *Queueing Systems: Theory and Applications* 33(1–3):261–275.

第3章：いかにして自らを回避するか

Alexandrowicz, Z. 1969. Monte Carlo of chains with excluded volume: A way to evade sample attrition. *Journal of Chemical Physics* 51:561–565.

Conway, A. R., I. G. Enting, and A. J. Guttmann. 1993. Algebraic techniques for enumerating self-avoiding walks on the square lattice. *Journal of Physics A: Mathematical and General* 26:1519–1534.

Conway, A. R., and A. J. Guttmann. 1996. Square lattice self-avoiding walks and corrections to scaling. *Physical Review Letters* 77:5284–5287.

Domb, C., and M. E. Fisher. 1958. On random walks with restricted reversals. *Proceedings of the Cambridge Philosophical Society* 54:48–59.

Duminil-Copin, H., and S. Smirnov. 2012. The connective constant of the honeycomb lattice equals $\sqrt{2 + \sqrt{2}}$. *Annals of Mathematics* 175(3):1653–1665.

Enting, Ian G. 1980. Generating functions for enumerating self-avoiding rings on the square lattice. *Journal of Physics A: Mathematical and General* 13:3713–3722.

Fisher, Michael E., and M. F. Sykes. 1959. Excluded-volume problem and the Ising model of ferromagnetism. *Physical Review* 114:45–58.

Guttmann, A. J., T. Prellberg, and A. L. Owczarek. 1993. On the symmetry classes of planar self-avoiding walks. *Journal of Physics A: Mathematical and General* 26:6615–6623.

Guttmann, A. J., and Jian Wang. 1991. The extension of self-avoiding random walk series in two dimensions. *Journal of Physics A: Mathematical and General* 24:3107–3109.

Hayes, Brian. 1998. Prototeins. *American Scientist* 86:216–221.

Hughes, Barry D. 1995. *Random Walks and Random Environments.* Vol. 1: *Random Walks.* Oxford: Clarendon Press.

Jacobsen, J. L., C. R. Scullard, and A. J. Guttmann. 2016. On the growth constant for square-lattice self-avoiding walks. `https://arxiv.org/abs/1607.02984`.

Jensen, I. 1994. Enumeration of self-avoiding walks on the square lattice. *Journal of Physics A: Mathematical and General* 37(21):5503–5524.

———. 2013. A new transfer-matrix algorithm for exact enumerations: self-avoiding walks on the square lattice. `https://arxiv.org/abs/1309.6709`.

Lal, Moti. 1969. "Monte Carlo" computer simulation of chain molecules, I. *Molecular Physics* 17:57–64.

Madras, Neal, and Gordon Slade. 1993. *The Self-Avoiding Walk.* Boston: Birkhäuser.

Madras, Neal, and Alan D. Sokal. 1988. The pivot algorithm: A highly efficient Monte Carlo method for the self-avoiding walk. *Journal of Statistical Physics* 50:109–186.

Nienhuis, Bernard. 1982. Exact critical point and exponents of the $O(n)$ model in two dimensions. *Physical Review Letters* 49:1062.

O'Brien, George L. 1990. Monotonicity of the number of self-avoiding walks. *Journal of Statistical Physics* 59:969–979.

Pólya G. 1921. Über eine Aufgabe der Wahrscheinlichkeitsrechnung betreffend die Irrfahrt im Straßennetz. *Mathematische Annalen* 84(1-2):149–160. `http://eudml.org/doc/158886`.

Slade, Gordon. 1994. Self-avoiding walks. *Mathematical Intelligencer* 16(1):29–35.

———. 1996. Random walks. *American Scientist* 84:146–153.

Sykes, M. F. 1961. Some counting theorems in the theory of the Ising model and the excluded volume problem. *Journal of Mathematical Physics* 2:52–62.

Wang, Jian. 1989. A new algorithm to enumerate the self-avoiding random walk. *Journal of Physics A: Mathematical and General* 22:L969–L971.

第4章：リーマニウムのスペクトル

Aldous, David, and Persi Diaconis. 1999. Longest increasing subsequences: From patience sorting to the Baik-Deift-Johansson theorem. *Bulletin of the American Mathematical Society* 36:413–432.

Baik, Jinho, Alexei Borodin, Percy Deift, and Toufic Suidan. 2006. A model for the bus system in Cuernavaca (Mexico). *Journal of Physics A: Mathematical and General* 39(28):8965–8975.

Baik, Jinho, Percy Deift, and Kurt Johansson. 1999. On the distribution of the length of the longest increasing subsequence of random permutations. *Journal of the American Mathematical Society* 12:1119–1178.

Bohigas, Oriol. 2005. Compound nucleus resonances, random matrices, quantum chaos. In *Recent Perspectives in Random Matrix Theory and Number Theory*, ed. F. Mezzadri and N. C. Snaith. Cambridge: Cambridge University Press.

Bohigas, Oriol, and Marie-Joya Giannoni. 1984. Chaotic motion and random matrix theories. In *Mathematical and Computational Methods in Nuclear Physics*, ed. J. S. Dehesa, J. M. G. Gomez, and A. Polls, pp. 1–99. New York: Springer.

Diaconis, Persi. 2003. Patterns in eigenvalues: The 70th Josiah Willard Gibbs lecture. *Bulletin of the American Mathematical Society* 40:155–178.

Dotsenko, Victor. 2011. Universal randomness. *Physics-Uspekhi* 54(3):259–280.

Dyson, Freeman J. 1962. Statistical theory of energy levels of complex systems, I, II, and III. *Journal of Mathematical Physics* 3:140–175.

Firk, Frank W. K., and Steven J. Miller. 2009. Nuclei, primes, and the random matrix connection. *Symmetry* 1(1):64–105.

Forrester, P. J., N. C. Snaith, and J. J. M. Verbaarschot. 2003. Developments in random matrix theory. Introduction to a special issue on random matrix theory. *Journal of Physics A: Mathematical and General* 36(12):R1–R10.

Hiary, G. A., and A. M. Odlyzko. 2012. The zeta function on the critical line: Numerical evidence for moments and random matrix theory models. *Mathematics of Computation* 81(279):1723–1752.

Katz, Nicholas M., and Peter Sarnak. 1999. Zeroes of zeta functions and symmetry. *Bulletin of the American Mathematical Society* 36:1–26.

Krbálek, Milan, and Petr Šeba. 2000. The statistical properties of the city transport in Cuernavaca (Mexico) and random matrix ensembles. *Journal of Physics A: Mathematical and General* 33(26):L229–L234.

LeBoeuf, P., A. G. Monastra, and O. Bohigas. 2001. The Riemannium. *Regular and Chaotic Dynamics* 6(2):205–210.

Liou, H. I., H. S. Camarda, S. Wynchank, M. Slagowitz, G. Hacken, F. Rahn, and J. Rainwater. 1972. Neutron resonance spectroscopy. VIII: The separated isotopes of erbium: Evidence for Dyson's theory concerning level spacings. *Physical Review C* 5:974–1001.

Montgomery, H. L. 1973. The pair correlation of zeros of the zeta function. *Proceedings of Symposia in Pure Mathematics* 24:181–193.

Odlyzko, A. 1992. The 10^{20}th zero of the Riemann zeta function and 175 million of its neighbors. Unpublished manuscript. `http://www.dtc.umn.edu/~odlyzko/unpublished/index.html`.

Riemann, Bernhard. 1859. Über die Anzahl der Primzahlen unter einer gegebenen Grösse [On the number of primes less than a given magnitude]. *Monatsberichte der Berliner Akademie*. Collected in *Gesammelte Werke*, 1892. Leipzig: Teubner. Reissued as *The Collected Works of Bernhard Riemann*, ed. H. Weber, 1953. New York: Dover.
（邦訳：足立恒雄/杉浦光夫/長岡亮介 共編訳「与えられた限界以下の素数の個数について」,『リーマン論文集』朝倉書店, 2004）

Terras, Audrey. 2002. Finite quantum chaos. *American Mathematical Monthly* 109:121–139

Wigner, Eugene P. 1957. Statistical properties of real symmetric matrices with many dimensions. Canadian Mathematical Congress Proceedings, pp. 174–184. Reprinted in Statistical Theories of Spectra: Fluctuations. A Collection of Reprints and Original Papers, with an Introductory Review, Charles E. Porter, ed, 1965, New York and London: Academic Press, pp. 188–198.

Wolchover, Natalie. 2014. At the far ends of a new universal law. Quanta. https://www.quantamagazine.org/20141015-at-the-far-ends-of-a-new-universal-law/.

第 5 章：独身の数

Bailey, R. A., Peter J. Cameron, and Robert Connelly. 2008. Sudoku, gerechte designs, resolutions, affine space, spreads, reguli and Hamming codes. *American Mathematical Monthly* 115:383–404.

Behrens, W. U. 1956. Feldversuchsanordnungen mit verbessertem Ausgleich der Bodenunterschiede. *Zeitschrift für Landwirtschaftliches Versuchs- und Untersuchungs wesen* 2:176–193.

Boyer, Christian. 2006. Les ancêtres français du sudoku. *Pour la Science* 344:8–11.

Chen, Zhe. 2009. Heuristic reasoning on graph and game complexity of Sudoku. https://arxiv.org/abs/0903.1659.

Crook, J. F. 2009. A pencil-and-paper algorithm for solving Sudoku puzzles. *Notices of the American Mathematical Society* 54(4):460–468.

Davis, Tom. 2012. The mathematics of Sudoku. http://www.geometer.org/mathcircles/sudoku.pdf.

Eppstein, David. 2005. Nonrepetitive paths and cycles in graphs with application to Sudoku. http://arxiv.org/abs/cs.DS/0507053.

Felgenhauer, Bertram, and Frazer Jarvis. 2005. Enumerating possible Sudoku grids. (Sudoku enumeration problems. http://www.afjarvis.staff.shef.ac.uk/sudoku/ を参照のこと.)

McGuire, Gary, Bastian Tugemann, and Gilles Civario. 2012. There is no 16-clue Sudoku: Solving the Sudoku minimum number of clues problem. https://arxiv.org/abs/1201.0749.

Royle, Gordon. Minimum Sudoku. http://staffhome.ecm.uwa.edu.au/~00013890/sudokumin.php.

Russell, Ed, and Frazer Jarvis. 2006. Mathematics of Sudoku II. *Mathematical Spectrum* 39:54–58.

Yato, Takayuki, and Takahiro Seta. 2002. Complexity and completeness of finding another solution and its application to puzzles. *Information Processing Society of Japan SIG Notes* 2002-AL-87-2.

第 6 章：縮れ曲線

Bader, M. 2013. *Space-Filling Curves: An Introduction with Applications in Scientific Computing.* Berlin: Springer.

Bader, M., and C. Zenger. 2006. Cache oblivious matrix multiplication using an element ordering based on a Peano curve. *Linear Algebra and Its Applications* 417(2-3):301–313.

Bartholdi, J. J. III, L. K. Platzman, R. L. Collins, and W. H. Warden III. 1983. A minimal technology routing system for Meals on Wheels. *Interfaces* 13(3):1–8.

Dauben, J. W. 1979. *Georg Cantor: His Mathematics and Philosophy of the Infinite.* Cambridge, Mass.: Harvard University Press.

Gardner, M. 1976. Mathematical games: In which "monster" curves force redefinition of the word "curve." *Scientific American* 235:124–133. （邦訳：一松信訳『マーチン・ガードナーの数学ゲーム 1』13.怪物曲線, 日本経済新聞出版社, 2010）

Haverkort, Herman. 2016. How many three-dimensional Hilbert curves are there? https://arxiv.org/abs/1610.00155.

Hilbert, D. 1891. Über die stetige Abbildung einer Linie auf ein Flächenstück. *Mathematische Annalen* 38:459–460.

———. 1926. Über das Unendliche [On the infinite]. *Mathematische Annalen* 95:161–190.

Moore, E. H. 1900. On certain crinkly curves. *Transactions of the American Mathematical Society* 1(1):72–90.

Null, A. 1971. Space-filling curves, or how to waste time with a plotter. *Software: Practice and Experience* 1:403–410.

Peano, G. 1890. Sur une courbe, qui remplit toute une aire plane. *Mathematische Annalen* 36:157–160.

Platzman, L. K., and J. J. Bartholdi III. 1989. Spacefilling curves and the planar travelling salesman problem. *Journal of the Association for Computing Machinery* 36:719–737.

Sagan, H. 1991. Some reflections on the emergence of space-filling curves: The way it could have happened and should have happened, but did not happen. *Journal of the Franklin Institute* 328:419–430.

―――. 1994. *Space-Filling Curves.* New York: Springer.（邦訳：鎌田清一郎訳『空間充填曲線とフラクタル』シュプリンガー・フェアラーク東京，1998）

Sierpiński, W. 1912. Sur une nouvelle courbe continue qui remplit toute une aire plane. *Bulletin de l'Académie des Sciences de Cracovie*, Série A, 462–478.

Velho, L., and J. de Miranda Gomes. 1991. Digital halftoning with space filling curves. *Computer Graphics* 25(4):81–90.

第 7 章：ゼノンとの賭け

Diaconis, P. 1988. Recent progress on de Finetti's notions of exchangeability. *Bayesian Statistics* 3, J. M. Bernardo, M. H. DeGroot, D. V. Lindley, and A. F. M. Smith, eds., pp. 111–125.

Freedman, David A. 1965. Bernard Friedman's urn. *Annals of Mathematical Statistics* 36:956–970.

Friedman, Bernard. 1949. A simple urn model. *Communications on Pure and Applied Mathematics* 2:59–70.

Hayes, Brian. 2002. Follow the money. *American Scientist* 90(5):400–405.

Johnson, Norman L., and Samuel Kotz. 1977. *Urn Models and Their Application: An Approach to Modern Discrete Probability Theory.* New York: Wiley.

Krapivsky, P. L., and S. Redner. 2004. Random walk with shrinking steps. *American Journal of Physics* 72:591–598.

Pemantle, Robin. 2007. A survey of random processes with reinforcement. *Probability Surveys* 4:1–79.

Steinsaltz, David. 1997. Zeno's walk: A random walk with refinements. *Probability Theory and Related Fields* 107:99–121.

第 8 章：高精度算術

Bailey, David H. 2005. High-precision floating-point arithmetic in scientific computation. *Computing in Science and Engineering* 7(3):54–61.

Clenshaw, C. W., and F. W. J. Olver. 1984. Beyond floating point. *Journal of the Association for Computing Machinery* 31:319–328.

Clenshaw, C. W., F. W. J. Olver, and P. R. Turner. 1989. Level-index arithmetic: An introductory survey. In *Numerical Analysis and Parallel Processing: Lectures Given at the Lancaster Numerical Analysis Summer School, 1987*, pp. 95–168. Berlin: Springer.

Feldstein, Alan, and Peter R. Turner. 2006. Gradual and tapered overflow and underflow: A functional differential equation and its approximation. *Journal of Applied Numerical Mathematics* 56(3):517–532.

Feynman, R. 1987. Guest lecture at California Institute of Technology. Quoted in Richard P. Feynman, Teacher, by David Goodstein, *Physics Today* 42, no. 2 (1989):93.

Goldberg, David. 1991. What every computer scientist should know about floatingpoint arithmetic. *ACM Computing Surveys* 23(1):5–48.

Gustafson, John L. 2015. *The End of Error: Unum Computing*. Boca Raton, Fla.: CRC Press.

Hamada, Hozumi. 1987. A new real number representation and its operation. In *Proceedings of the Eighth Symposium on Computer Arithmetic*, pp. 153–157. Washington, D.C.: IEEE Computer Society Press.

IEEE Computer Society. 2008. IEEE Std-754-2008 Standard for Floating Point Arithmetic.

Lozier, Daniel W. 1993. An underflow-induced graphics failure solved by SLI arithmetic. In *Proceedings of the 11th Symposium on Computer Arithmetic*, pp. 10–17. Los Alamitos, Calif.: IEEE Computer Society Press.

————, and F. W. J. Olver. 1990. Closure and precision in level-index arithmetic. *SIAM Journal on Numerical Analysis* 27:1295–1304.

Matsui, Shouichi, and Masao Iri. 1981. An overflow/underflow-free floating-point representation of numbers. *Journal of Information Processing* 4:123–133.

Morris, Robert. 1971. Tapered floating point: A new floating-point representation. *IEEE Transactions on Computers* C-20:1578–1579.

Muller, Jean-Michel, Nicolas Brisebarre, Florent de Dinechin, Claude-Pierre Jeannerod, Vincent Lefèvre, Guillaume Melquiond, Nathalie Revol, Damien Stehlé, and Serge Torres. 2010. *Handbook of Floating-Point Arithmetic*. Boston: Birkhäuser.

Turner, Peter R. 1991. Implementation and analysis of extended SLI operations. In *Proceedings of the 10th Symposium on Computer Arithmetic*, pp. 118–126.

Los Alamitos, Calif.: IEEE Computer Society Press.

第9章：マルコフ連鎖のことの始まり

Ash, Robert B., and Richard L. Bishop. 1972. Monopoly as a Markov process. *Mathematics Magazine* 45:26–29.

Basharin, G. P., A. N. Langville, and V. A. Naumov. 2004. The life and work of A. A. Markov. *Linear Algebra and Its Applications* 386:3–26.

Bukiet, Bruce, Elliotte Harold, and José Luis Palacios. 1997. A Markov chain approach to baseball. *Operations Research* 45(1):14–23.

Diaconis, Persi. 2009. The Markov chain Monte Carlo revolution. *Bulletin of the American Mathematical Society* 46:179–205.

Graham, Loren R., and Jean-Michel Kantor. 2009. *Naming Infinity: A True Story of Religious Mysticism and Mathematical Creativity*. Cambridge, Mass.: Belknap Press of Harvard University Press. （邦訳：吾妻靖子訳『無限とはなにか？：カントールの集合論からモスクワ数学派の神秘主義に至る人間ドラマ』一灯舎, 2011）

Kemeny, J. G., J. L. Snell, and A. W. Knapp. 1976. *Denumerable Markov Chains*. New York: Springer.

Link, D. 2006. Chains to the West: Markov's theory of connected events and its transmission to Western Europe. *Science in Context* 19(4):561–589.

―――. 2006. Traces of the mouth: Andrei Andreyevich Markov's mathematization of writing. *History of Science* 44(145):321–348.

Markov, A. A. 1913. An example of statistical investigation of the text *Eugene Onegin* concerning the connection of samples in chains. (In Russian.) *Bulletin of the Imperial Academy of Sciences of St. Petersburg* 7(3):153–162. Unpublished English translation by Morris Halle, 1955. English translation by Alexander Y. Nitussov.

Lioudmila Voropai, Gloria Custance, and David Link, 2006. *Science in Context* 19(4):591–600.

Ondar, Kh. O., ed. 1981. *The Correspondence Between A. A. Markov and A. A. Chuprov on the Theory of Probability and Mathematical Statistics*. New York: Springer.

Pushkin, A. S. 1833. *Eugene Onegin: A Novel in Verse*, trans. Charles Johnston. London: Penguin, 1977. （邦訳：池田健太郎訳『オネーギン』岩波書店, 2006. 木

村彰一訳『エヴゲーニイ・オネーギン』講談社, 1998. 小澤政雄訳『エヴゲーニイ・オネーギン：完訳』群像社, 1996)

Seneta, E. 1996. Markov and the birth of chain dependence theory. *International Statistical Review* 64:255–263.

———. 2003. Statistical regularity and free will: L. A. J. Quetelet and P. A. Nekrasov. *International Statistical Review* 71:319–334.

Shannon, C. E. 1948. A mathematical theory of communication. *Bell System Technical Journal* 27:379–423, 623–656.

Sheynin, O. B. 1989. A. A. Markov's work on probability. *Archive for History of Exact Sciences* 39(4):337–377.

Vucinich, A. 1960. Mathematics in Russian culture. *Journal of the History of Ideas* 21(2):161–179.

第10章：n 次元の玉遊び

Ball, K. 1997. An elementary introduction to modern convex geometry. In *Flavors of Geometry*, ed. Silvio Levy. Cambridge: Cambridge University Press.

Bellman, R. E. 1961. *Adaptive Control Processes: A Guided Tour*. Princeton, N.J.: Princeton University Press.

Catalan, Eugène. 1839, 1841. *Journal de Mathématiques Pures et Appliquées* 4:323–344; 6:81–84.

Cipra, B. 1993. Here's looking at Euclid. In *What's Happening in the Mathematical Sciences*. Vol. 1, p. 25. Providence: American Mathematical Society.

Clifford, W. K. 1866. Question 1878. *Mathematical Questions, with Their Solutions, from the "Educational Times"* 6:83–87.

Conway, J. H., and N. J. A. Sloane. 1999. *Sphere Packings, Lattices, and Groups*. 3rd ed. New York: Springer.

Heyl, P. R. 1897. Properties of the locus $r =$ constant in space of n dimensions. Philadelphia: Publications of the University of Pennsylvania, Mathematics, No. 1, 1897, pp. 33–39. Available at `http://books.google.com/books?id=j5pQAAAAYAAJ`.

On-Line Encyclopedia of Integer Sequences, sequence A074455. Published electronically at `http://oeis.org`, 2010.

Schläfli, L. 1858. On the multiple integral $\int^n dxdy \dots dz$, whose limits are $p_1 = a_1 x + b_1 y + \dots + h_1 z > 0$, $p_2 > 0$, $\dots p_n > 0$, and $x^2 + y^2 + \dots + z^2 < 1$. trans. A. Cayley. *Quarterly Journal of Pure and Applied Mathematics* 2:269–301.

Sommerville, D. M. Y. 1911. *Bibliography of Non-Euclidean Geometry, Including the Theory of Parallels, the Foundation of Geometry, and Space of N Dimensions*. London: Harrison.

―――. 1929. *An Introduction to the Geometry of N Dimensions*. New York: Dover Publications.

Wikipedia. 2016. Volume of an n-ball. `https://en.wikipedia.org/wiki/Volume_of_an_n-ball`.

第11章：準乱数によるそぞろ歩き

Bork, Alfred M. 1967. Randomness and the twentieth century. *Antioch Review* 27(1):40–61.

Braverman, Mark. 2011. Poly-logarithmic independence fools bounded-depth boolean circuits. *Communications of the ACM* 54(4):108–115.

Caflisch, R. E. 1998. Monte Carlo and quasi-Monte Carlo methods. *Acta Numerica* 7:1–49.

Chazelle, Bernard. 2000. *The Discrepancy Method: Randomness and Complexity*. Cambridge: Cambridge University Press.

Dyer, Martin, and Alan Frieze. 1991. Computing the volume of convex bodies: A case where randomness provably helps. In *Probabilistic Combinatorics and Its Applications*, ed. Béla Bollobás, pp. 123–169. Providence: American Mathematical Society.

Galanti, Silvio, and Alan Jung. 1997. Low-discrepancy sequences: Monte Carlo simulation of option prices. *Journal of Derivatives* 5(1):63–83.

Householder, A. S., G. E. Forsythe, and H. H. Germond, eds. 1951. *Monte Carlo Method: Proceedings of a Symposium*. National Bureau of Standards Applied Mathematics Series. Vol. 12. Washington, D.C.: Government Printing Office.

Karp, Richard M. 1991. An introduction to randomized algorithms. *Discrete Applied Mathematics* 34:165–201.

Kuipers, L., and H. Niederreiter. 1974. *Uniform Distribution of Sequences*. New York: Dover Publications.

Kuo, Frances Y., and Ian H. Sloan. 2005. Lifting the curse of dimensionality. *Notices of the American Mathematical Society* 52:1320–1328.

Matousek, Jiri. 1999, 2010. *Geometric Discrepancy: An Illustrated Guide*. Heidelberg: Springer.

Metropolis, Nicholas. 1987. The beginning of the Monte Carlo method. *Los Alamos Science* 15:125–130.

———, and S. Ulam. 1949. The Monte Carlo method. *Journal of the American Statistical Association* 247:335–341.

Motwani, Rajeev, and Prabhakar Raghavan. 1995. *Randomized Algorithms*. Cambridge: Cambridge University Press.

Niederreiter, Harald. 1978. Quasi-Monte Carlo methods and pseudo-random numbers. *Bulletin of the American Mathematical Society* 84(6):957–1041.

———. 1992. *Random Number Generation and Quasi-Monte Carlo Methods*. Philadelphia: SIAM.

Paskov, Spassimir H., and Joseph E. Traub. 1995. Faster valuation of financial derivatives. *Journal of Portfolio Management* 22(1):113–121.

Richtmyer, R. D. 1951. The evaluation of definite integrals, and a quasi-Monte Carlo method based on the properties of algebraic numbers. Report LA-1342. Los Alamos Scientific Laboratory. `http://www.osti.gov/bridge/product.biblio.jsp?osti_id=4405295`.

Roth, K. F. 1954. On irregularities of distribution. Mathematika: *Journal of Pure and Applied Mathematics* 1:73–79.

Sloan, Ian H., and Henryk Woźniakowski. 1998. When are quasi-Monte Carlo algorithms efficient for high dimensional integrals? *Journal of Complexity* 14:1–33.

Stigler, Stephen M. 1991. Stochastic simulation in the nineteenth century. *Statistical Science* 6:89–97.

von Neumann, John. 1951. Various techniques used in connection with random digits. (Summary written by George E. Forsythe.) In *Monte Carlo Method: Proceedings of a Symposium*. National Bureau of Standards Applied Mathematics Series. Vol. 12, pp. 36–38. Washington, D.C.: Government Printing Office.

Zaremba, S. K. 1968. The mathematical basis of Monte Carlo and quasi-Monte Carlo methods. *SIAM Review* 10:303–314.

第12章：紙と鉛筆と円周率

Arndt, Jörg, and Christoph Haenel. 2001. *Pi Unleashed*. Translated from the German by Catriona and David Lischka. Berlin: Springer.

Berggren, Lennart, Jonathan Borwein, and Peter Borwein, eds. 2004. *Pi, A Source Book*. 3rd ed. New York: Springer.

Engert, Erwin. Undated manuscripts on pencil-and-paper calculations of pi. https://www.engert.us/erwin/Miscellaneous.html.

Ferguson, D. F. 1946. Evaluation of π. Are Shanks' figures correct? *Mathematical Gazette* 30(289):89–90.

O'Connor, J. J., and E. F. Robertson. 2007. William Shanks. In the Mactutor History of Mathematics, University of St. Andrews. http://www-history.mcs.st-andrews.ac.uk/Biographies/Shanks.html.

Rutherford, William. 1853. On the extension of the value of the ratio of the circumference of a circle to its diameter. *Proceedings of the Royal Society of London* 6:273–275.

Shanks, William. 1853. *Contributions to Mathematics, Comprising Chiefly the Rectification of the Circle to 607 Places of Decimals*. London: G. Bell.

———. 1854. On the extension of the value of the base of Napier's logarithms; of the Napierian logarithms of 2, 3, 5, and 10; and of the modulus of Briggs's, or the common system of logarithms; all to 205 places of decimals. *Proceedings of the Royal Society of London* 6:397–398.

———. 1866. On the calculation of the numerical value of Euler's constant, which Professor Price, of Oxford, calls E. *Proceedings of the Royal Society of London* 15:429–432.

———. 1873. On the extension of the numerical value of π. *Proceedings of the Royal Society of London* 21:318–319.

Smith, L. B., J. W. Wrench, and D. F. Ferguson. 1947. A new approximation to pi. *Mathematical Tables and Other Aids to Computation* 2(18):245–248.

Wrench, J. W. Jr. 1960. The evolution of extended decimal approximations to π. *Mathematics Teacher* 53(8): 644–650.

第13章：誰にでも受け入れられる証明

Aigner, Martin, and Günter M. Ziegler. 1998. *Proofs from The Book*. Berlin:

Springer.（邦訳：蟹江幸博訳『天書の証明』シュプリンガー・フェアラーク東京，2002）

Appel, K., and W. Haken. 1986. The four color proof suffices. *Mathematical Intelligencer* 8(1):10–20.

Aubrey, John. 1898. *Brief Lives, Chiefly of Contemporaries, Set Down by John Aubrey, between the Years 1669 & 1696*, ed. Andrew Clark. Oxford: Clarendon Press.（邦訳：橋口稔/小池銈共訳『名士小伝』冨山房，1979）

Borwein, Jonathan, and David Bailey. 2004. *Mathematics by Experiment: Plausible Reasoning in the 21st Century*. Natick, Mass.: A K Peters.

Bressoud, David M. 1999. *Proofs and Confirmations: The Story of the Alternating Sign Matrix Conjecture*. Cambridge: Cambridge University Press.

Davis, P. J. 1972. Fidelity in mathematical discourse: Is one and one really two? *American Mathematical Monthly* 79(3):252–263.

Dickson, Leonard Eugene. 1921. Why it is impossible to trisect an angle or to construct a regular polygon of 7 or 9 sides by ruler and compasses. *Mathematics Teacher* 14:217–218.

Dudley, Underwood. 1987. *A Budget of Trisections*. New York: Springer.

Ellenberg, Jordan. 2012. Mochizuki on ABC. https://quomodocumque.wordpress.com/2012/09/03/mochizuki-on-abc/.

Gardner, Martin. 1966. Mathematical games: The persistence (and futility) of efforts to trisect the angle. *Scientific American* 214(6):116–122.（邦訳：一松信訳『数学カーニバルII』19. 角の三等分. 紀伊国屋書店，1977）

Hales, Thomas C. 2005. A proof of the Kepler conjecture. *Annals of Mathematics* 162(3):1065–1185; see also special issue of *Discrete and Computational Geometry* 36, no. 1 (2006):1–265.

Horgan, John. 1993. The death of proof. *Scientific American* 269(4):92–103.（邦訳：山岸義和/松木平淳太/林晋共訳『証明は死んだ』日経サイエンス1993年12月号）

Jesseph, Douglas M. 1999. *Squaring the Circle: The War between Hobbes and Wallis*. Chicago: University of Chicago Press.

Jones, Arthur, Sidney A. Morris, and Kenneth R. Pearson. 1991. *Abstract Algebra and Famous Impossibilities*. New York: Springer.

Klein, Felix. 1897. *Famous Problems of Elementary Geometry: The Duplication of the Cube, the Trisection of an Angle, the Quadrature of the Circle*. Boston:

Ginn.

Kline, Morris. 1980. *Mathematics: The Loss of Certainty*. New York: Oxford University Press. （邦訳：三村護/入江晴栄共訳『不確実性の数学：数学の世界の夢と現実』紀伊国屋書店，1984）

Lützen, Jesper. 2009. Why was Wantzel overlooked for a century? The changing importance of an impossibility result. *Historia Mathematica* 36:374–394.

Mochizuki, Shinichi. 2012–2017. Inter-universal Teichmüller theory, parts I–IV (updated). `http://www.kurims.kyoto-u.ac.jp/~motizuki/papers-english.html`.

Quine, W. V. 1990. Elementary proof that some angles cannot be trisected by ruler and compass. *Mathematics Magazine* 63(2):95–105.

Sormani, Christina. 2003–2010. Hamilton, Perelman and the Poincaré conjecture. `http://comet.lehman.cuny.edu/sormani/others/perelman/introperelman.html`, and a mirror site (2017) at `https://sites.google.com/site/professorsormani/home/outreach/introperelman`.

Stigler, Stephen. 2006. Isaac Newton as a probabilist. *Statistical Science* 21:400–403.

Wantzel, Pierre Laurent. 1837. Recherches sur les moyens de reconnaître si un problème de géométrie peut se résoudre avec la règle et le compas. *Journal de Mathématiques Pures et Appliquées* 2:366–372.

Yates, Robert C. 1942. *The Trisection Problem*. Baton Rouge, La.: Franklin Press.

訳者あとがき

　本書は，Brian Hayes 著, *"Foolproof, and Other Mathematical Meditations"* （MIT Press, 2017）の全訳である．

　著者のブライアン・ヘイズ氏は，数学や計算機に関するサイエンス・ライターであり，科学雑誌編集者の経歴もある．ヘイズ氏は，マーチン・ガードナーが「数学ゲーム」の連載を終了したあとのサイエンティフィック・アメリカン誌（日本語版：「サイエンス」．現在の「日経サイエンス」）で，1983 年から 1984 年にかけて「コンピューターレクリエーション」を連載していた．また，130 年以上の歴史のある科学研究協会シグマ・ザイが発行するアメリカン・サイエンティスト誌の編集者兼上級執筆者として，1993 年から 20 年以上も「コンピューティング・サイエンス」を連載してきた．本書のそれぞれの章は，すべて同誌の記事をもとにその後の展開も含めてまとめられたものである．ヘイズ氏の著書には，同じように寄稿した記事をまとめた *"Group Theory in the Bedroom, and Other Mathematical Diversions"* （冨永星訳『ベッドルームで群論を—数学的思考の愉しみ方』みすず書房，2010）もあるので，その名前を目にした読者も多いだろう．

　本書のそれぞれの章では，角の 3 等分やナンバープレースなどお馴染みの話題を契機として，ときには計算機の助けも借りながら，その背後にある見事な数学的着想やほかの分野との思いがけない関係があらわにされていく．このような話の流れには臨場感たっぷりで引き込まれるものがあり，これを目の当た

りにした読者もすぐに自分の手を動かしていろいろと試してみたくなるのではないだろうか．現在では，主な執筆の場を雑誌から自身のブログ bit-player（http://bit-player.org）に移しているようであるが，そこでも数学や計算機に関するさまざまな話題に迫る切れ味のよい文章は変わらない．まさに，数学という「異国」の旅行記は，これからもまだまだ続きそうである．

　翻訳にあたって，理解の足りない部分などの質問に対して，ヘイズ氏からすぐに電子メールで返事をいただいた．とくに，第13章「誰にでも受け入れられる証明」ではポアンカレ予想に対するペレルマンの証明が登場するが，証明の詳細までは理解していなかったので，ソルマニ教授によるたとえを訳しあぐねていた．そこで，ヘイズ氏に問い合わせたところ，その日のうちにソルマニ教授本人に確認し非常に分かりやすく説明していただいた．日本語版の編集にあたっては，共立出版の大谷早紀氏，三浦拓馬氏に大変お世話になった．これらの方々に感謝の意を表したい．

2020 年夏 訳者

索 引

英字

abc 予想　219–222

CMO　177

ENIAC　191

MANIAC　191

NP 完全　91

partience sorting　76

unum 形式　138

X ウィング　85

和文

ア

アーレンス，ウィリヘルム　8

アーロンソン，スコット　126

アクサーコフ，セルゲイ　155

アペル，ケネス　218

アボット，エドウィン　112

アムトラキウム　62

アルキメデス　14

アルクィン　14

アルドース，デヴィッド　76

アレアトリウム　62

アレクサンドロヴィッチ，ジープ　57

アンダーフロー　136

イ

イェイツ，ロバート・C.　230

伊理，正夫　137, 139

インターステイティウム　62, 64

ウ

ヴァルヴァティーヴァ，マリア　151

ヴァンツェル，ピエール・ローラン
　　　229

ヴァンツェルの定理　229–233

ウィグナー，ユージン・P.　67–70

ウィッティ，カール　125

ウィドム，ハロルド　76

ヴィネッケ，フリードリヒ　8

ヴェデニフスキー，セバスチャン　72

ヴォス・サヴァント，マリリン　227

ヴォルプス，エーリヒ　9

宇宙際タイヒミュラー理論　221

ウラム，スタニスワフ　191

エ

エアリー，ジョージ・B.　198

エイゲンヴァリウム　62

『エヴゲーニイ・オネーギン』
　　145–160

エーレンフェスト，タティアナ・ファ
　　ンアーデン　190

エネルギー準位　61

エプステイン，デヴィッド　86, 93

エルデシュ，ポール　227, 233

エルビウム　62, 65

エルミート作用素　78

エレンバーグ，ジョーダン　221

エンガート，アーウィン　202, 204,
　　208

円周率　195–211
　　マチンの公式　200

エンティン，イアン・G.　49, 50, 52

オ

オイラー，レオンハルト　70–71, 87,
　　151

オーバーフロー　135

オドリズコ，アンドリュー・M.
　　74–75

オブライエン，ジョージ・L.　59

オブリー，ジョン　215

オルヴァー，フランク・W. J.　139,
　　141

カ

ガーンズ，ハワード　83

階乗　24–30

蓋乗　26–37

乖離度　186–188
　　スター―　186

ガウス，カール・フリードリッヒ　iv,
　　1–22

ガウス，ヘレン・ワーシントン　3, 5,
　　18

カオス理論　192

角の三等分　213–214, 229–233

カタラン，ユージン　174

カネル，ジョン・J.　23

カピッツァ，セルゲイ　158–160

ガリレイ，ガリレオ　iii

カントール，ゲオルク　97–98,
　　111–112

ガンマ関数　164–165

キ

幾何平均　33–35

キャメロン，ピーター・J.　84

球
　　n次元―　161–176

ク

空間充填曲線　97–112

グートマン，アンソニー・J.　49, 52,
　　55–56, 59

グールド，ウェイン　83

グスタフソン，ジョン・L.　138

クヌース，ドナルド・E.　139, 224

クライン，フェリックス　230

クライン，モーリス　222

クラゲ　85

クリフォード，ウィリアム・キングド
　　ン　173

クルーク，J. F.　86

グルドン，グザヴィエ　72

クルバレック，ミラン　77

クレンショー，チャールズ・W.　139

クロネッカー，レオポルド　111

クワイン，ウィラード・ヴァン・オー
　　マン　230

ケ

ケイリー，アーサー　174
ゲーデル，クルト　223
ケプラー予想　218–219
ケルヴィン卿　191

コ

ゴーリキー，マクシム　152, 157
ゴスパー，ビル　103
コッホ，ジョン　218
コネリー，ロバート　84
ゴルトン，フランシス　191
コンウェイ，A. R.　49, 52, 56, 59
コンウェイ，ジョン・ホートン　173

サ

ザーガン，ハンス　111
最近接間隔　64–65
サイクス，M. F.　47
先延ばしアルゴリズム　101
サマーヴィル，ダンカン　173
ザルトリウス，ウォルフガング　3–5,
　　13, 17–18
ザレンバ，S. K.　192
三角数　17, 29
算術平均　30–35

シ

ジアノニ，マリー＝ホジャ　76
シヴァリオ，ガイルズ　92
シェイニン，オスカー　157
シェバ，ペトル　77
シェルピンスキー，ヴァツワフ　103
シェルピンスキー曲線　108
シェルピンスキーの三角形　171
ジェンセン，イワン　49
シグラー，L. E.　14

ジグリウム　62
次元の呪い　162–163, 165, 166, 184
自己回避ウォーク　39–60
自己回避多角形　51
実験数学　228
ジップ，ジョージ・キングズリー　36
ジップの法則　36
シプラ，バリー　167
ジャーヴィス，フレーザー　88, 90
シャンクス，ウィリアム　195–211
シュレーフリ，ルートヴィヒ　173
巡回数　210
巡回セールスマン問題　109
準モンテカルロ法　177–193
準乱数　190
ショーツ，ウィル　82
ジョーンズ，アーサー　230
ジョンストン，チャールズ・H.　156

ス

スイダン，トーフィック　77
数独　83
裾の太い分布　35–36
スティグラー，スティーブン　227
ストークス，ジョージ　198
スペクトル　64
スミルノフ，スラニスラフ　55
スローン，イアン・H.　192
スローン，ネイル・J. A.　173

セ

正規分布　77
セイスミウム　62, 64
制約充足問題　93
ゼータグリッド　72
瀬田，剛広　91
セネタ，ユージン　157

ゼノン　113-128

ソ

増加定数　53
ソーカル，アラン・D.　58
素数
　　完全循環—　210
　　双子—　70
ソボル，I. M.　192
ゾメル，ハンス　5-8
ソルマニ，クリスティナ　219

タ

タートル・グラフィックス　102
ターナー，ピーター・R.　138, 139
ダイアコニス，パーシ　76, 127
対数記法　138
対数正規　36
ダイソン，フリーマン　61
脱ランダム化　193
ダドリー，アンダーウッド　229
ダニングトン，G. ウォルド　3, 9
多倍長整数　131-132

チ

チェーホフ，アントン　152
チェビシェフ，パフヌティ　72, 151,
　　152
チェン，ズ　86
縮れ曲線　106
中央値　34
中間調化　109
チュプロフ，アレクサンダー　152,
　　154

ツ

対相関関数　61, 65
ツェンガー，クリストフ　109

壺モデル　127

テ

デイヴィス，トム　86
低乖離度列　190, 192
ディクソン，L. E.　230
ディスクレパンシー　⇒ 乖離度
デイフト，パーシー　76, 77
デーヴィス，フィリップ・J.　222
テュージマン，バスティアン　92
デュメニル-コパン，ユーゴー　55
テント，M. B. W.　3
デンドロクロノミウム　62, 64

ト

ド・モルガン，オーガスタス　198,
　　211
トゥラウブ，ジョセフ　177-178
トルストイ，レフ　152
トレーシー，クレイグ　76
トレーシー-ウィドム分布　76

ナ

ナンバープレース　81-95

ニ

ニーダーライター，ハラルド　192
ニーホイス，ベルナール　55
ニコライ 2 世　152
ニコリ　83
ニュートン，アイザック　227
ニューマン，ジェームズ・R.　9
ニューマン，マーク　35, 36
二量化　48

ネ

ネクラソフ，パヴェル　152-153, 157

ハ

ハーケン，ウルフガング　218

バーソルディ，ジョン・J.，3世　108–109

ハーフェコート，ヘルマン　106

バイク，ジンホ　76, 77

排除体積効果　39

ハイゼンベルク，ヴェルナー　70

ハイルペリン，マックス　35

パスコフ，スパシミア　177–178

バックトラック法　92–94

バデル，ミカエル　109

ハニカム格子　55

浜田，穂積　137, 139

パルメニデス　113

ハレ，モリス　155

パレード，ヴィルフレド　36

ヒ

ピアソン，ケネス・R.　230

ピープス，サミュエル　227

ビーベルバッハ，ルートヴィヒ　9

ピーマントル，ロビン　127

非逆進ウォーク　42–48

ピサのレオナルド　⇒ フィボナッチ

ピボット・アルゴリズム　57

ヒューウェル，ウィリアム　198

ヒューズ，バリー・D.　36

ビューラー，W. K.　3

標識再捕獲法　58

ピョートル大帝　150

ピリオディウム　62

ヒルベルト，ダフィット　78, 99, 111, 223

ヒルベルト曲線　100

ヒンツ，アンドレアス・M.　18

フ

ファーガソン，D. F.　205, 209, 211

ファインマン，リチャード　129

ファンデルコルプト，ヨハネ・G.　190

ファンデルコルプト数列　190

フィールズ賞　219

フィッシャー，マイケル・E.　47

フィボナッチ　14

プーシキン　145

フェルゲンハウアー，ベルトラム　88

フェルドシュタイン，アラン　138

フォン・ノイマン，ジョン　20–21, 67, 191

浮動小数点　133–136

　　漸減—　136–138

普遍定数　53

プライミウム　62

プラトン　216–217

フリードマン，デヴィッド・A.　127

フリードマン，バーナード　127

ブリン，セルゲイ　147

フレーゲ，ゴットロープ　223

ブレスード，デヴィッド　228

フロベニオイド　221

ヘ

ペアノ，ジュゼッペ　99

ペアノ曲線　103

平均平方変移　43

ペイクス，アンソニー・G.　37

ベイリー，R. A.　84

ベイリー，デヴィッド　228

ヘイル，ポール・レンノ　174–176

ページ，ラリー　147

ページランク　147

ヘールズ，トーマス・C.　218–219

ベーレンス，W.U.　84

べき乗則　36
ペグ，エド　83
ベル，エリック・テンプル　9–13
ベルヌーイ，ダニエル　151
ベルヌーイ，ニコラス　151
ベルヌーイ，ヤコブ　151, 152
ベルマン，リチャード　162, 184
ペレルマン，グレゴリー　219

ホ

ポアンカレ予想　219
ボイーガス，ウリオル　76
ボイヤー，クリスチャン　84
ボーウェイン，ジョナサン　228
ホーガン，ジョン　222
ボーク，アルフレッド　192
ホール，トルド　3
ホール，モンティ　227
ホッジ劇場　221
ホッブズ，トーマス　215–218
ポリア，ジョージ　42, 78, 127, 157
ポルタ・ロサ　113
ポロック，ジャクソン　192
ボロディン，アレクセイ　77

マ

マクガイア，ゲイリー　92
マセ，フランツ　9
マチン，ジョン　200
松井，正一　137, 139
マドラス，ニール　58
マルコフ，アンドレイ・アンドレエ
　　　ヴィチ　145–160
マルコフ連鎖　145–160
丸め誤差　135

ミ

ミッツェンマッハ，マイケル　35, 36
ミレニアム賞　219

ム

ムーア，エリアキム・ヘイスティング
　　　ス　106

メ

メカジキ　85
メトロポリス，ニコラス　191
『メノン』　216–217
メビウス，ポール　8

モ

望月，新一　221
モノポリー　146
モリス，シドニー・A.　230
モリス，ロバート　137
モンゴメリー，ヒュー.　61
モンテカルロ法　179–182

ヤ

八登，崇之　91

ユ

有限格子アルゴリズム　50–53

ヨ

ヨハンソン，クルト　76
四色定理　218

ラ

ライヒ，カリン　3
ラインウォーター，ジェームズ　65
ラガッセ，マーク　83
ラザフォード，ウィリアム　197–198
ラッセル，エド　90
ラッセル，バートランド　iii
乱数

擬似— 178–188

準— 178–193

ランダムウォーク　40–45, 116–121, 123–127

強化— 127–128

自己回避ウォーク　39–60

非逆進ウォーク　42–48

ランダム行列　67–78

固有値　67

リ

リーツマン，ワルサー　8–9

リード，ウィリアム・J.　36

リーマニウム　62, 64, 78

リーマン，ベルンハルト　71

リーマン・ゼータ関数　70–75

リオー，H. I.　65

リヒトマイヤー，ロバート・D.　192

リュッツェン，ジェスパー　229

量子カオス　76

両対数グラフ　36

リンク，デヴィッド　157

レ

レイク・ウベゴン　23–24

レベル・インデックス体系　138–141

対称— 141, 143

連結定数　53

ロ

ロイル，ゴードン　92

ローゼンブルース，マーシャル　191

ロジア，ダニエル・W.　139, 143

ロジャース，ウィル　23

ロス，クラウス・フリードリヒ　192

ロバチェフスキー，ニコライ　151

ワ

ワールドシリーズ　224–227

訳者紹介

川　辺　治　之

1985年　東京大学理学部卒業
現　在　日本ユニシス（株）総合技術研究所　上席研究員
主　著　『Common Lisp 第2版』（共立出版，共訳）
　　　　『Common Lisp オブジェクトシステム―CLOSとその周辺』（共立出版，共著）
　　　　『この本の名は？―嘘つきと正直者をめぐる不思議な論理パズル』（日本評論社，翻訳）
　　　　『ひとけたの数に魅せられて』（岩波書店，翻訳）
　　　　『100人の囚人と1個の電球―知識と推論にまつわる論理パズル』（日本評論社，翻訳）
　　　　『対称性―不変性の表現』（丸善出版，翻訳）
　　　　『哲学の奇妙な書棚―パズル，パラドックス，なぞなぞ，へんてこ話』（共立出版，翻訳）
　　　　『無限（岩波科学ライブラリー）』（岩波書店，翻訳）
　　　　『組合せ数学（岩波科学ライブラリー）』（岩波書店，翻訳）
　　　　『逆数学―定理から公理を「証明」する』（森北出版，翻訳）
　　　　『シングマスター教授の千思万考パズルワールド』（共立出版，翻訳）
　　　　『アラビアン・ナイトのチェスミステリー―スマリヤンの逆向き解析問題集』（共立出版，翻訳）
　　　　　　　　　　　　　　　　　　　　　　　　　　　　　　　　ほか翻訳書多数

数学そぞろ歩き	訳　者　川辺治之　© 2020
―学者だけに任せておくには 楽しすぎる数学余話	原著者　Brian Hayes（ブライアン・ヘイズ）
	発行者　南條光章
原題：*Foolproof,* *and Other Mathematical* *Meditations*	発行所　**共立出版株式会社** 東京都文京区小日向 4-6-19 電話　03-3947-2511（代表） 〒 112-0006／振替口座 00110-2-57035 www.kyoritsu-pub.co.jp
2020 年 8 月 31 日　初版 1 刷発行	
	印　刷　啓文堂
	製　本　協栄製本
検印廃止 NDC 410.79 ISBN 978-4-320-11435-7	一般社団法人 自然科学書協会 会員 Printed in Japan